Jürgen Christner

ABITUR WISSEN

Verhaltensbiologie

Ernst Klett Verlag

Stuttgart Düsseldorf Leipzig

Bildnachweise (Fotos): Deutsche Presse Agentur, Stuttgart (S. 12 und S. 25, links)
© BULLS, Frankfurt (S. 25, rechts)

 Gedruckt auf Papier, welches aus Altpapier hergestellt wurde.

Die Deutsche Bibliothek – CIP-Einheitsaufnahme

Christner, Jürgen:
Abiturwissen Verhaltensbiologie / Jürgen Christner. – 4. Aufl.
Stuttgart ; Düsseldorf ; Leipzig : Klett, 1997
ISBN 3-12-929544-5

4. Auflage 1997
Alle Rechte vorbehalten
Fotomechanische Wiedergabe nur mit Genehmigung des Verlages
© Ernst Klett Verlag für Wissen und Bildung GmbH, Stuttgart 1993
Druck: Druckerei zu Altenburg, Altenburg. Printed in Germany
Grafiken: Ulla Christner, Tübingen
Einbandgestaltung: Bayerl & Ost, Frankfurt am Main
ISBN 3-12-929544-5

Inhalt

Einführung

Die Verhaltensforschung ist eine moderne und bedeutende Forschungsrichtung der Biologie. Ihre Ergebnisse sind nicht nur für Naturwissenschaftler, sondern auch für Pädagogen, Psychologen, Soziologen und eine breite Öffentlichkeit von überragender Bedeutung. Die Verhaltensbiologie gibt uns einen Einblick in die Bewegungen und Fertigkeiten der Tiere. Sie vermittelt einen Wortschatz, der uns erlaubt, tierisches Verhalten zu beschreiben und zu analysieren. Sie fragt, wie Tiere ihre Lebensaufgaben meistern, wie sie sich verständigen, wie sie miteinander umgehen und stellt – auf unterschiedlichen Ebenen – die Frage nach den Ursachen des Verhaltens. Ziel ist, das Verhalten der Tiere zu verstehen. Schließlich gibt uns die Verhaltensbiologie eine Grundlage zum besseren Verständnis menschlichen Verhaltens.

Dieses Buch ist kein Lehrbuch der Verhaltenskunde. Das Vorgehen der Verhaltenswissenschaftler bei ihrer Arbeit und bei der Diskussion ihrer Ergebnisse und Hypothesen kann nicht Thema dieses kleinen Bändchens sein. Es will nur einen Überblick über den aktuellen Stand des Wissens geben, mit Betonung der Fakten und Theorien, die im Biologieunterricht der gymnasialen Oberstufe im Mittelpunkt stehen. Dabei werden die bekannten Theorien und Tatsachen kurz und übersichtlich dargestellt und mit knapp skizzierten Beispielen belegt. Die Beispiele stehen zwischen dreieckigen Marken (▲, ▼). Die vielen Abbildungen sollen die Beispiele illustrieren und darüber hinaus optisch orientierten Lesern als Gedächtnisstützen dienen. Alle Abbildungen wurden für diesen Band unter Berücksichtigung von Vorlagen aus der einschlägigen Fachliteratur neu angefertigt. Hier am Rande wird eine subjektive Auswahl übersichtlicher und leicht lesbarer, vom Preis her erschwinglicher Bücher angegeben.

Kurze Lehrbücher zur Verhaltensbiologie:
Raimund Apfelbach, Jürgen Döhl: Verhaltensforschung. Stuttgart 1980.
Dierk Franck: Verhaltensbiologie. Stuttgart 1979.
Klaus Immelmann: Einführung in die Verhaltensforschung. Berlin und Hamburg 1979.
Jürg Lamprecht: Verhalten. Freiburg 1972.
Günter Tembrock: Verhaltensbiologie. Stuttgart 1992.

Der Stoff ist so angeordnet, daß er für den Leser möglichst leicht durchschaubar, die Gliederung nachvollziehbar ist:
- Kapitel 1 stellt die Verhaltensbiologie als Wissenschaft und **Fragen, Forschungsmethoden und Theorien** der Verhaltensbiologen vor.
- Die Kapitel 2-4 sehen das Verhalten der Tiere durch die Brille von Konrad Lorenz und seiner Schule. Diese Sichtweise der **klassischen Ethologie** liegt fast allen deutschen

Lehrplänen, Schul- und Lehrbüchern zugrunde (Abb. 6). Eingearbeitet sind grundlegende Ergebnisse der Neuro-Ethologie.

- Die Kapitel 5 und 6 handeln vom **Lernen**. Zunächst wird nach dem Ursprung der Verhaltensprogramme gefragt. Anschließend werden Formen des Lernens und Lerntheorien vorgestellt.
- Die **Evolution** des Verhaltens steht im Mittelpunkt der Kapitel 7 bis 9. Nach einer Einführung in die Erforschung der Verhaltensevolution wird an Beispielen aus dem Fortpflanzungs- und Gruppenverhalten dem Ansatz der klassischen Ethologie die Sichtweise der Verhaltensökologie und der Soziobiologie gegenübergestellt.
- Kapitel 10 gibt eine kurze Einführung in die **angewandte Verhaltensbiologie**. Sie nennt Probleme artgerechter Tierhaltung und Aussagen der Verhaltensbiologen zum Tierschutz.

Nebenher kann der Leser eine Reihe von Tieren kennenlernen – eine Liste der erwähnten Tierarten in systematischer Ordnung (S. 149) erleichtert das Einordnen. Im **Glossar** (S. 151) werden Fachausdrücke anderer biologischer Teilgebiete definiert; diese Begriffe sind im Text kursiv gedruckt.

Im **Register** (S. 155) finden Sie – außer den Seitenangaben – Kurzdefinitionen der gebräuchlichsten Fachausdrücke der Verhaltensbiologie.

Die Beobachtungen, Deutungen, Theorien und Modelle verschiedener Wissenschaftler gehen immer etwas auseinander. Ab und zu wird auf unterschiedliche Deutungsansätze hingewiesen. Vereinfacht werden Theorien und Modelle einzelner Schulen wiedergeben, die als „Ethologen", „Behavioristen", „Verhaltensökologen" und „Soziobiologen" bezeichnet werden. Die gegenübergestellten Deutungen werden aber im Allgemeinen nicht als Widersprüche dargestellt, sondern als sich ergänzende Blickwinkel, die zwar nicht immer genau dasselbe Bild ergeben, aber doch dasselbe Motiv erkennen lassen.

Das menschliche Verhalten wird bei den einzelnen Kapiteln einbezogen, insgesamt aber eher zurückhaltend behandelt, nicht nur weil gerade die Rückschlüsse auf menschliches Verhalten sehr umstritten sind, sondern auch weil auf dem Gebiet der Humanethologie eine verkürzte Darstellung sehr problematisch ist.

1 Die Wissenschaft vom Verhalten

Die Katze ...

... springt,

1.1 Beobachten und Dokumentieren

Verhaltenskunde ist eine Naturwissenschaft

Forschungsgebiet der Verhaltensbiologie ist das Verhalten von Tieren und Menschen. Verhaltensbiologen untersuchen **was** Tiere tun, **wie** sie es tun und **warum** sie es tun.
Weil die Biologie eine auf Erfahrung und Experiment beruhende Naturwissenschaft ist, muß sie alle in Beobachtung und Experiment nicht erschließbaren Vorgänge ausgrenzen. Fühlen und Denken werden also von der Verhaltensbiologie nicht behandelt, ohne daß an deren Existenz gezweifelt wird.

... jagt,

> Aufgabe der Verhaltensbiologie ist die Erforschung des Verhaltens mit naturwissenschaftlichen Methoden.

... droht und buckelt,

Verhalten kann man beobachten

Zum **Verhalten** gehören Bewegungen, Lautäußerungen, Körperhaltungen, Farbwechsel und äußerlich erkennbare Veränderungen, die der gegenseitigen Verständigung dienen (Abb. 1).

... schreit,

> Zum **Verhalten** zählen alle der Beobachtung zugänglichen Bewegungen und Körperstellungen eines Tieres.

... schläft

Nicht zum Verhalten zählen Wachstums- und Alterungsvorgänge. Schwierig ist die Abgrenzung gegen Prozesse wie Atmung, Kreislauf und Verdauung. Eine Störung dieser Vorgänge ändert das Verhalten, andererseits werden diese durch das Verhalten beeinflußt. Das plötzliche Erröten einer Körperstelle, gezieltes Urinieren eines Tieres rechnet man zum Verhalten, das gleichmäßige Atmen dagegen nicht. Neben dem Verhalten untersucht die Verhaltensbiologie die **Reize** aus der Umwelt, die zu Handlungen führen und die **Informationsverarbeitung** in Sinnesorganen und im Zentralnervensystem, die dem Verhalten zugrunde liegt.

und säugt.

Abb. 1
Zum Verhalten gehören Bewegungen, Körperstellungen und das Aussenden und Empfangen von Signalen aus der Umwelt.

7

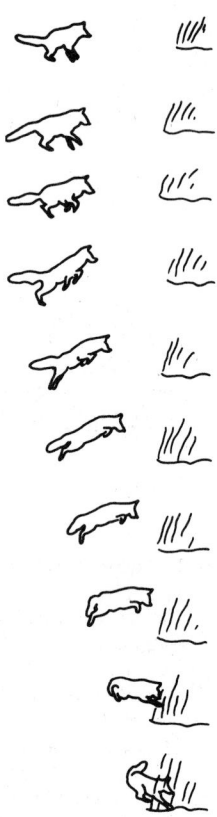

Der erste Schritt der Verhaltenswissenschaft ist die exakte **Beobachtung**.

– Bei **Freilandbeobachtungen** werden Tiere in ihrer natürlichen Umgebung oft über Jahrzehnte beobachtet. Feldarbeit ist bei manchen Tieren recht schwierig, außerdem kann ein Beobachter das Verhalten der Tiere stören.

– Untersuchungen von Tieren in **Gefangenschaft** – im Labor oder im Gehege – sind meist einfacher durchzuführen. Allerdings verhalten sich Tiere hier oft anders als in freier Wildbahn; manche Verhaltensweisen kommen nicht oder in anderer Häufigkeit vor.

– Das parallele Studium der Tiere im Freiland und in Gefangenschaft kann die Vorteile beider Methoden nutzen.

Moderne Techniken unterstützen die Beobachtungen. An Tieren befestigte Miniatursender helfen, Bewegungen auch nachts oder in großen Räumen festzustellen. Durch Radar können Wanderungen von Vogelschwärmen beobachtet werden.

Beobachtungen werden dokumentiert

Ein Protokoll dient nicht nur der Konservierung einer Beobachtung, es ermöglicht auch, diese Beobachtung anderen mitzuteilen. Daher muß eine Verhaltensbeschreibung so abgefaßt sein, daß der Leser die Beobachtung nachvollziehen kann.

Protokolle sollten exakt und möglichst vorurteilsfrei abgefaßt sein. Dies ist leider nur näherungsweise möglich, da es keine absolut vorurteilsfreie Wahrnehmung oder Dokumentation gibt. (Zitat RUSSELL). Selbst eine Filmaufnahme ist durch den gewählten Ausschnitt selektiv. Schriftliche Notizen und Tonbandprotokolle werden durch Skizzen, Fotos, Video- oder Filmaufnahmen ergänzt (Abb. 2). Zeitraffer und Zeitlupe erlauben die Beobachtung feinster Bewegungsmuster. Laute werden nach Frequenz, Lautstärke und zeitlichem Ablauf beschrieben. Sprachliche Umschreibungen („miau" oder „heulen") werden durch *Klangspektrogramme* (Abb. 71) ergänzt. Mit Hilfe von Gaschromatographen können geringste Duftspuren festgestellt werden.

Abb. 2
Fuchs springt nach einer Maus. Verhaltensprotokoll nach einer Filmaufnahme.

„Alle Tiere, die bisher sorgfältig beobachtet worden sind [...] zeigen sämtlich die nationalen Eigenschaften des Beobachters. Tiere, die von Amerikanern untersucht wurden, stürmen wie wahnsinnig heran, mit einem unglaublichen Schwung und mit Lebhaftigkeit, und erreichen dabei durch Zufall das gewünschte Resultat. Tiere, die von Deutschen beobachtet wurden, sitzen dagegen ruhig, denken nach und entwickeln letztlich die Lösung des Problems aus ihrer inneren Bewußtheit heraus."
BERTRAND RUSSELL

1.2 Fragen und Modelle

Hypothesen führen zu Modellen

Das Beobachten von Tieren ist noch keine Wissenschaft. Die Beschreibung aller bisher gemachten Beobachtungen ist keine Verhaltensbiologie. Wissenschaft entsteht,
– wenn aus den Beobachtungen **Zusammenhänge, Regelhaftigkeiten oder Gesetzmäßigkeiten** abgeleitet werden und
– wenn nach den **Ursachen** gefragt wird.

Vermutet ein Biologe eine Gesetzmäßigkeit in seinen Beobachtungen, so entwirft er eine **Hypothese**, er formuliert eine Annahme, die er überprüfen möchte. Ausgesprochen vorläufig ist eine **Arbeitshypothese**. Sie hat vor allem den Zweck, neue Überlegungen anzuregen. Eine **Hypothese** muß so formuliert werden, daß sie überprüft und widerlegt werden kann. Auf ihrer Grundlage werden gezielte Beobachtungen und Versuche durchgeführt, um sie zu stützen oder zu widerlegen. Weitere Forschungen führen zu einer **Theorie**, einem System von Hypothesen, mit dessen Hilfe Aussagen über eine gesetzmäßige Ordnung getroffen werden.

Eine wichtige Methode der Wissenschaft ist die Bildung von Modellen. **Modelle** werden gebildet,
– um die Beschreibung des Vorbilds zu erleichtern und
– um zu weitergehenden Untersuchungen anzuregen.

Modelle grenzen Teile der Wirklichkeit aus. Sie dürfen nie mit der Wirklichkeit gleichgesetzt werden, weil sie bewußt vereinfacht sind. Alle Aspekte des Vorbildes, auf die es gerade nicht ankommt, werden weggelassen. Dadurch werden Modelle überschaubar und erinnerbar. Immer wenn wir mit Modellen arbeiten, ist es wichtig, sich ihre Grenzen klar zu machen.

Mathematische Modelle können mit unterschiedlichen Werten durchgespielt, ihre Ergebnisse mit der Wirklichkeit verglichen werden. In der modernen Verhaltenskunde gewinnt die mathematische **Spieltheorie** schnell an Bedeutung.

Abb. 3
Fühlt sich eine Klapperschlange bedroht, so stellt sie den Schwanz hoch und erzeugt ein rasselndes Geräusch.
Die Frage nach der unmittelbaren Ursache des Verhaltens heißt „Wie?". Wie ist die Schwanzklapper aufgebaut? Wie funktioniert sie? Wie erzeugt sie das Geräusch? Wie arbeiten die Sinnesorgane, Nerven und Muskeln der Klapperschlange zusammen? Wie merkt die Schlange, daß sie bedroht ist? Wie wird die Bewegung gestartet und koordiniert?
Die Frage nach der mittelbaren Ursache heißt „Wozu?". Wozu ist das Klappern gut? Welchem Zweck dient es? Ist es für die Schlange vorteilhaft? Erhöht sie durch Klappern ihre Überlebenschance? Warum ist das Klappern in der Evolution entstanden und bis heute erhalten geblieben?

Ursachen werden unter zwei Blickwinkeln erforscht

Wissenschaft beruht auf der Annahme, daß nichts ohne Ursache geschieht. In der Biologie gibt es zwei verschiedene Möglichkeiten die Frage nach den **Ursachen des Verhaltens** zu stellen und zu beantworten (Abb. 3):

1. Man fragt nach der unmittelbaren Ursache im Körper des Tieres oder Menschen, nach der **Steuerung**: Wie steuert der Organismus das Verhalten? Welches Programm im Nervensystem, welches Hormon veranlassen das Tier zu einer Handlung?
2. Man fragt nach der mittelbaren Ursache, nach der biologischen Rolle des Verhaltens im Leben des Tieres. Wozu dient das Verhalten? Warum entstand das Verhaltensprogramm in der **Evolution**? Warum blieb es erhalten? Welchen Überlebenswert verleiht es dem Tier ?

Wenn ein Mensch ißt, so bewirkt der Hunger, (die unmittelbare Ursache des Essens), daß das Überleben (die mittelbare Ursache des Essens) gesichert wird. So wenig, wie der Mensch beim Essen an sein Überleben denkt, so wenig ist für ein Tier das mittelbare Ziel einer Handlung real existent. Aber nur Tiere, die sich angepaßt verhalten, können überleben und ihre Erbanlagen weitergeben. Die stammesgeschichtliche Entwicklung ist also der Schlüssel zum Verständnis des Verhaltens. Erst wenn der Selektionswert eines Verhaltens bekannt ist, kann es wirklich verstanden werden.

Hypothesen werden durch Versuche geprüft

Viele Hypothesen können nicht durch Beobachtungen allein, sondern nur durch gezielte Experimente geprüft werden. Ein Experiment muß so angelegt und beschrieben sein, daß es durch andere wiederholt werden kann. Weil die Zahl der Variablen so enorm groß ist, ist diese Wiederholbarkeit in der Verhaltensforschung sehr schwierig. Oft unterscheiden sich die Ergebnisse ganz ähnlicher Versuche, weil scheinbar unmaßgebliche Randbedingungen nicht beachtet wurden. Nur wer eine Tierart genau kennt, kann Verhaltensexperimente richtig durchführen und deuten. Beispiele dafür sind die Attrappenversuche von TINBERGEN. Einige seiner Freilandversuche (z. B. die in Abb. 22 und 23 dargestellten) wurden im Labor unter anderen Bedingungen nachvollzogen und erbrachten abweichende Ergebnisse. Die Diskussion darüber, welche Versuchserie besser geplant oder richtig gedeutet wurde, ist noch im Gange.

Das biologische Experiment greift immer in Leben ein – es stellt sich die Frage nach dem Motiv und nach dem Recht eines Eingriffs. Ethische Fragen müssen weitgehend vom Forscher persönlich gestellt und gelöst werden.

„Der leiblich recht hübsche, geistig aber umso häßlichere, mürrische, reizbare und zugleich mutvolle Hamster, Cricetus cricetus L., wird ungefähr 30 cm lang [...]. Die geistigen Eigenschaften des Hamsters sind nicht gerade geeignet, ihn zu einem Liebling des Menschen zu machen. Der Zorn beherrscht sein ganzes Wesen in einem Grade wie bei kaum einem anderen Nager von so geringer Größe. Bei der kleinsten Ursache stellt er sich trotzig zur Wehr, knurrt tief und hohl im Inneren, knirscht mit den Zähnen und schlägt sie ungemein schnell und heftig aufeinander. Mutig wehrt er sich gegen jedes Tier, das sich gegen ihn wendet, [...] Kühn greift er sogar den Menschen an, selbst den, der gar nichts mit ihm zu schaffen haben mag. Es kommt nicht selten vor, daß man ahnungslos an einem Hamsterbau vorübergeht und plötzlich das wütende Tier in seinen Kleidern hängen hat. [...] Daß ein so jähzorniges Tier nicht verträglich sein kann, ist erklärlich. Die eigenen Kinder mögen nicht mehr bei der Mutter bleiben, sobald sie größer geworden sind; der männliche Hamster beißt den weiblichen tot, wenn er ihm außer der Paarungszeit in den Weg kommt."
ALFRED BREHM

Nur Hypothesen sind übertragbar

An einem Tier gewonnene Ergebnisse sind weder auf andere Tierarten noch auf den Menschen übertragbar. Übertragen lassen sich Arbeitshypothesen. Ob diese stimmen, muß bei jeder Art neu überprüft werden.

Der Mensch gehört dem Reich der lebenden Natur an. Auch sein Verhalten ist teilweise biologisch bedingt, besonders deutlich im Bereich von Angst, Aggression, Hunger, Durst und Sexualität. Trotzdem ist bei der Übertragung von an Tieren gewonnenen Erkenntnissen auf den Menschen höchste Vorsicht geboten. Menschliches Verhalten ist immer auch in eine Kultur eingebettet und an deren Wertsystemen orientiert. Die Ausweitung der Verhaltensbiologie auf den Menschen ist Thema der **Humanethologie**.

Die Problematik der Übertragung von menschlichem auf tierisches Verhalten stellt sich vor allem in der Bedeutungsübertragung von Wörtern: Viele Verhaltensbiologen lehnen die Verwendung anthropomorpher Ausdrücke wie Freude, Frechheit, Gemeinsinn oder Mutterliebe (Zitat von A. BREHM) strikt ab. Anthropomorphismen – das Hineinprojizieren eigener Gefühle in das Verhalten der Tiere – sollen unbedingt unterbleiben (Zitat von J. NIETHAMMER). Andererseits verwenden Verhaltensforscher Ausdrücke wie Neugier, Spiel und Verteidigung. Es ist einfach unmöglich, alle Ausdrücke zu vermeiden, die zur Beschreibung menschlichen Verhaltens geschaffen wurden.

„Hamster sind wehrhafte Einzelgänger, die sich gegenüber Artgenossen wie Feinden zu verteidigen wissen. Hat etwa ein Mensch einen Hamster in die Enge getrieben, wirft sich dieser auf den Rücken, bläst die Backentaschen auf und rattert mit den Zähnen oder springt gar den Angreifer kreischend an und verletzt ihn oft kräftig mit den scharfen Schneidezähnen. [...] In der Paarungszeit muß das Weibchen vom Männchen dagegen freundlich gestimmt werden. Bei der ersten Begegnung beschnuppern sich beide Partner vorsichtig und meist flüchtig, das Weibchen faucht, beißt und läuft oft davon. Die Flucht ist aber nicht ernst gemeint, denn bald nähert sich das Weibchen dem Männchen wieder und beide beschnuppern sich nicht nur am Kopf, sondern auch an den Flankendrüsen und in der Aftergegend. [...]"
JOCHEN NIETHAMMER
in Grzimeks Enzyklopädie

1.3 Geschichte der Verhaltenskunde

Die Geschichte der Verhaltenskunde ist kurz

Schon seit Jahrhunderten haben Menschen Tiere beobachtet und ihr Verhalten beschrieben und gedeutet. Die **Verhaltenskunde als Naturwissenschaft** begann mit CHARLES DARWIN (1809-1882). Er nahm an, daß Verhaltensweisen ebenso einer Evolution unterliegen wie die Körperformen der Tiere. Er entdeckte, daß verwandte Tierarten ähnliches Verhalten zeigen, auch wenn sie geographisch weit voneinander getrennt leben. CHARLES O. WHITMAN (1842-1910) und OSKAR HEINROTH (1871-1945) entdeckten unabhängig voneinander, daß es Bewegungsweisen gibt, die ebenso wie Körpermerkmale zur Bestimmung einer Tierart dienen können.

Lorenz und Tinbergen begründeten die Ethologie

Nach den weitgehend unbeachtet gebliebenen Pionierarbeiten verdankt das Gebiet der Verhaltensbiologie seine Entfaltung vor allem den Arbeiten von KONRAD LORENZ (1903-1989), NIKOLAAS TINBERGEN (1907-1988) und KARL VON FRISCH (1886-1982). Ihre Untersuchungen über arteigene Verhaltensweisen der Tiere waren außerordentlich erfolgreich. Im Jahre 1973 wurde ihnen der Nobelpreis verliehen.

KONRAD LORENZ stützt sich auf langjährige Beobachtungen an unterschiedlichen Lebewesen. Sein Ansatz liegt in der Annahme, daß sich die komplexen Verhaltensabläufe der Tiere in gleichartig aufgebaute Grundbausteine zerlegen lassen. Verhaltensweisen bestehen aus drei Teilelementen (Abb. 5 und 6): Dem auf **Schlüsselreize** ansprechenden **Auslösemechanismus**, dem Bewegungsablauf der **Instinkthandlung** und einem inneren **Antrieb**.

Die **klassische Ethologie** geht davon aus, daß sich die Instinkthandlungen im Laufe der Stammesgeschichte herausgebildet haben und durch Vererbung von einem Tier an seine Nachkommen weitergegeben werden, diesen also „angeboren" sind. Weil der Vergleich des Verhaltens verschiedener Arten eine ihrer wichtigsten Methoden ist, wird sie auch als **vergleichende Verhaltenskunde** bezeichnet.

Abb. 4
Konrad Lorenz ist der Begründer der vergleichenden Verhaltenskunde.

Behavioristen halten alles für erlernbar

Eine zweite Wurzel hat die Verhaltenskunde in der Psychologie. Der russische Physiologe IWAN PAWLOW (1849-1936) führte das gesamte Verhalten auf Reflexe zurück. Auch der Behaviorismus (THORNDIKE, WATSON und SKINNER) erklärt das Verhalten von Tier und Mensch durch Reiz und Reaktion. Behavioristen beschränkten ihre Untersuchungen auf einige wenige Labortiere. Tiere werden als Reizbeantwortungsmaschinen betrachtet. Für die Lernschule des Behaviorismus sind nur Beobachtungen und Messungen Themen der Untersuchung. Sie nimmt an, daß Tiere über keine angeborenen Fähigkeiten verfügen; sie können und müssen die Bedeutung aller Signale ihrer Umwelt sowie alle ihre Bewegungen und Handlungsmuster lernen.

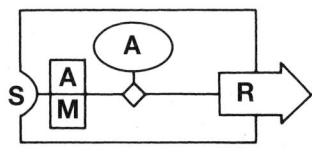

Abb. 5
Das Schaltschema gibt das Konzept der Instinkthandlung modellhaft wieder: Ein Schlüsselreiz (S), der vom Auslösemechanismus (AM) erkannt wird, kann eine Bewegung (R= Reaktion) auslösen, wenn gleichzeitig ein innerer Antrieb (A) aktiv ist.

Im Gehirn des Vogels liegt ein ererbtes **Verhaltensprogramm** vor, in dem exakte Anweisungen zum Erkennen des Schlüsselreizes und zum Vorgang des Fütterns gespeichert sind.

Im Frühling nach der Zeit des Nestbaus und des Brütens hat die Heckenbraunelle eine hohe **Bereitschaft**, Junge zu füttern.

Die Braunelle füttert den Jungkuckuck wie sonst ein Nest voll eigener Sprößlinge. Sie stopft Insekten tief in den offenen Rachen des Kuckucks. Das Füttern ist eine **Instinkthandlung**, ein angeborenes Bewegungsmuster.

Der leuchtend rot gefärbte Rachen mit den gelben Schnabelwülsten des Jungkuckucks ist der **Schlüsselreiz**, der das Verhalten der Braunelle auslöst. Ein **Auslösemechanismus** im Nervensystem der Braunelle hat den Schlüsselreiz erkannt und die Verhaltensweise ausgelöst, obwohl der Kuckuck völlig anders aussieht als eine junge Heckenbraunelle. Er wiegt inzwischen acht mal soviel wie die Ziehmutter und hat das Nest verlassen. Der Wirt muß sich auf den Rücken seines Pflegekindes setzen, um dessen Schnabel noch zu erreichen. Diese Informationen werden vom Auslösemechanismus ausgefiltert.

Abb. 6
Warum füttert die Braunelle den jungen Kuckuck? Die klassische Ethologie kann dieses Fehlverhalten leicht erklären: Das Füttern eines jungen Kuckucks durch eine Heckenbraunelle ist eine angeborene Verhaltensweise. Sie ist gekennzeichnet durch einen Schlüsselreiz mit zugehörigem Auslösemechanismus, die Bewegungen der Instinkthandlung und die Handlungsbereitschaft.

13

Moderne Ethologie untersucht das Wie und das Wozu

Steht für die klassische Ethologie das einzelne Tier im Mittelpunkt, so verlagert sich in der Gegenwart die Forschungsarbeit einerseits in Richtung auf die Untersuchung von Teilsystemen (Nerven- und Hormonsystem), andererseits auf das Studium größerer Einheiten (Tiergesellschaften und Populationen).

– Die **Verhaltensphysiologie** untersucht die Frage, **wie** der Organismus Verhaltensweisen hervorbringt. Den Schwerpunkt verhaltensphysiologischer Forschungsarbeit bildet die Neuroethologie. Sie untersucht die dem Verhalten zugrundeliegende Datenverarbeitung im Nervensystem. Grundlegende Erkenntnisse gehen auf den Zoologen ERICH VON HOLST (1908-1962) zurück. Er begann, den Ursprung des Verhaltens im Nervensystem zu untersuchen. Durch die Entdeckung, daß das Nervensystem selbständig Erregung erzeugt, widerlegte er die Reflextheorie (S. 38 f.).

– Die **Verhaltensökologie** beobachtet und beschreibt das Verhalten von Tierpopulationen in natürlicher Umgebung. Sie fragt vor allem danach, **wozu** ein bestimmtes Verhalten dient, welchen Beitrag es zur Fitness eines Lebewesens liefert. Sie untersucht die Auswirkungen alternativer Verhaltensmöglichkeiten – genannt **Strategien** – auf das Überleben von Individuen und die Ausbreitung ihrer Gene. Modelle erlauben Voraussagen darüber, wie Umwelt und Evolution bei der Formung des Verhaltens zusammenwirken und welcher Kompromiß zwischen Nutzen und Kosten einer Verhaltensweise maximalen Gewinn für das Individuum gibt. Steht bei den Ethologen der Wert des Verhaltens für den Erhalt der **Art** im Vordergrund, so nimmt die Soziobiologie an, daß jedes **Individuum** bestrebt ist, seinen eigenen Fortpflanzungserfolg zu maximieren. Die Soziobiologie, begründet von E. O. WILSON, faßt die Evolutionsbiologie, die Populationsgenetik und die Verhaltensökologie zusammen. Sie hat eine Fülle neuer theoretischer Ansätze entwickelt und noch andauernde Auseinandersetzungen über die Frage entfacht, wie weit ihre Ergebnisse auf menschliche Gesellschaften übertragbar sind.

Literatur:
Jörg-Peter Ewert: Neuro-Ethologie. Heidelberg 1976.
J.R.Krebs und N.B.Davies: Einführung in die Verhaltensökologie. Stuttgart 1984.
Wolfgang Wickler und Uta Seibt: Das Prinzip Eigennutz. Hamburg 1977.
Eckart Voland: Grundriß der Soziobiologie. Stuttgart 1993.

2 Angeborenes Erkennen

2.1 Wahrnehmbare Reize

Sinnesorgane sind Fenster zur Umwelt

Tiere müssen Meldungen aus der Umwelt empfangen und auswerten, um angemessen reagieren zu können. Welche Art von *Reizen* nehmen Tiere wahr? Die Leistungen eines Sinnesorgans lassen sich oft durch Dressurversuche ermitteln.
▲ Honigbienen wurden längere Zeit in Schälchen auf blauer Unterlage mit Zuckerwasser gefüttert. Danach wurden ihnen mehrere leere Schälchen angeboten. Die dressierten Bienen flogen stets die Schälchen auf blauer Unterlage an, die an wechselnden Stellen zwischen graue Felder verschiedener Helligkeit gestellt wurden. Bienen konnten so auf blaue und gelbe, nicht aber auf rote Felder dressiert werden: Sie sehen also die Farben Gelb und Blau; Rot verwechseln sie mit Grau. (vgl. Abb. 72) ▼

Leistungen von Sinnesorganen können auch durch Ableitung elektrischer Impulse erforscht werden.
▲ Bei amerikanischen Schaben wurde nachgewiesen, daß die Männchen zwei verschiedene Lockstoffe wahrnehmen, die von ihren Weibchen abgegeben werden (Abb. 7). ▼

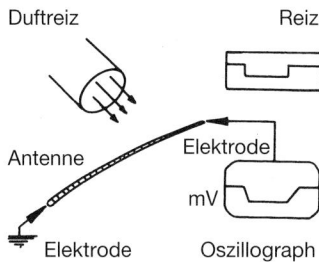

Abb.7
Ableitung der Antenne einer männlichen Schabe. Schon die Wirkung von 10^{-12}g eines Pheromons ist meßbar.

Nur ein Teil der Umwelt wird wahrgenommen

Jedes Tier nimmt nur einen beschränkten, von Art zu Art unterschiedlichen Ausschnitt der Wirklichkeit wahr. Wer das Verhalten eines Tieres untersuchen will, muß sich zuerst über die Leistungsfähigkeit der Sinnesorgane und deren Grenzen im Klaren sein, die sich teilweise stark von denen des Menschen unterscheiden:
▲ Rinder unterscheiden keine Farben. Das rote Tuch in der Stierkampfarena wird nur von den Zuschauern rot gesehen. ▼
▲ Bienen sehen ultraviolettes Licht; sie unterscheiden polarisiertes von nicht polarisiertem Licht und können sich nach verschiedenen Polarisationsebenen orientieren. ▼

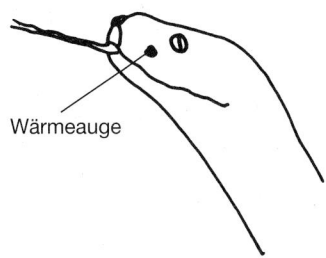

Abb.8
Die Schreckensklapperschlange findet ihre Beute mit Hilfe von Wärmesinnesorganen.

Dabei ist die Leistungsfähigkeit der Sinnesorgane einer Tierart an die Anforderungen ihrer Lebensweise angepaßt:

▲ Fledermäuse jagen bei Nacht. Sie haben ein geringes Sehvermögen, können aber Ultraschall wahrnehmen. Sie stoßen hochfrequente Laute aus und orientieren sich nach dem Echo ihrer Rufe (Abb. 9). ▼

▲ Rotkehlchen und viele andere Zugvögel orientieren sich beim Vogelzug nach dem Magnetfeld der Erde. ▼

▲ Grubenottern orten warmblütige Beutetiere mit ihren „Infrarotaugen" (Abb. 8). Dabei reagieren sie auf Temperaturunterschiede von 0,005°C. ▼

Sinnesorgane wirken als erste (periphere) Filter. Sie lassen nur einen kleinen, von Art zu Art wechselnden Teil der Umweltreize durch. Manchmal sind die Leistungen dieser Filter hochspezifisch:

▲ Männchen mancher Schmetterlingsarten haben höchst empfindliche Geruchsorgane für die Lockstoffe ihrer Weibchen, auf andere Geruchsstoffe sprechen sie nur wenig oder gar nicht an. Der Sexuallockstoff ist der einzige Außenreiz, der für sie eine Bedeutung hat. ▼

Abb.9
Fledermäuse erzeugen Ultraschallsignale und analysieren die Echos. So erfahren sie Entfernung, Richtung, Größe und Bewegungen der angepeilten Objekte.

2.2 Schlüsselreize

Nur ein Teil der wahrgenommenen Reize wird beantwortet

Obwohl schon die **Sinnesorgane** ein erstes Filter für die Fülle der Umweltreize bilden, stellen sie dem Organismus viel mehr Information zur Verfügung, als er beantworten kann. Das Gehirn nutzt nicht sämtliche verfügbaren Informationen; es filtert einen weiteren Teil der Reize weg („zentrales Filter"). Wichtiges wird dabei von Unwichtigem getrennt (Abb. 10).

So können sich farbtüchtige Tiere in bestimmten Situationen verhalten, als wären sie farbenblind (Abb. 11) oder sogar vollständig blind:

▲ Der Gelbrandkäfer ist ein räuberisch lebender Wasserkäfer. Er hat hochentwickelte Komplexaugen mit deren Hilfe er Hindernisse umgeht oder im Flug Wasserflächen ausmacht, auf denen er niedergehen kann. Beim Beutefang spielen jedoch optische Reize keine Rolle. Eine Kaulquappe, die im Glasrohr vor ihm schwimmt, löst keine Reaktion aus. Ein Leinwandbeutelchen, in das eine Kaulquappe eingenäht ist, ergreift er mit den Vorderbeinen und beißt es auf. Setzt man

Abb.10
Hühner, die zum ersten Mal gebrütet haben, betreuen und verteidigen ihre Küken nur, wenn sie deren Piepsen hören. Auf optische Reize reagieren sie nicht.

ihn in Wasser, in dem vorher Kaulquappen geschwommen sind, so ergreift er jeden festen Gegenstand. Gelbrandkäfer schlagen ihre Beute also ausschließlich auf Grund von chemischen Reizen und Berührungsreizen.▼

Aus diesen Beobachtungen und Versuchen ergibt sich:
1. Man muß zwischen wahrgenommenen und auslösenden (oder verhaltensrelevanten) Reizen unterscheiden. Eine wichtige Leistung des Organismus ist die **Reizfilterung**, die Auswahl derjenigen Reize, auf die eine Reaktion erfolgt.
2. Für jeden Funktionskreis gelten andere auslösende Reize: Sie werden als **Schlüsselreize** bezeichnet.

Tiere antworten auf einfache Schlüsselreize

Viele Verhaltensweisen werden von sehr einfachen Reizen, den Schlüsselreizen, ausgelöst:
▲ Junge Hauskatzen verfolgen jedes Objekt, das sich schnell über den Boden bewegt und nicht zu groß ist (Abb. 12). ▼
▲ Männchen der Amerikanischen Schabe orientieren sich nach einer Mischung aus zwei Lockstoffen (Abb. 7). ▼
Als Schlüsselreiz kann jedes wahrnehmbare Merkmal dienen, das ein Objekt kennzeichnet. Schlüsselreize können einzelne Merkmale (Farben oder Formen, Töne, Geruch oder Geschmack) sein, aber auch komplizierte Gestaltmerkmale oder Bewegungsmuster kommen vor.

> **Schlüsselreize** sind Außenreize, die eine Reaktion in Gang setzen. Meist handelt es sich um **einfache, auffällige und einprägsame Muster**.

Mit Hilfe von Attrappenversuchen läßt sich ermitteln, welche Reize als Schlüsselreize wirken.

> **Attrappen** sind experimentell gesetzte Reizquellen.

▲ Ein männliches Rotkehlchen reagiert bei der Revierverteidigung nur auf das rote Brustgefieder, nicht aber auf die Gestalt seines Rivalen. Ein rotes Federbüschel wird angedroht, eine naturgetreue Attrappe ohne Rot bleibt unbeachtet. Dabei kann ein Rotkehlchen ein Federbündel klar von einem Rotkehlchen unterscheiden. ▼

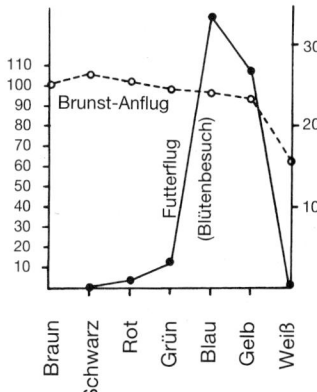

Abb.11
Samtfalter verhalten sich bei der Balz als wären sie farbenblind, auf Nahrungssuche bevorzugen sie eindeutig die Farben blau und gelb.

Abb.12
Junge Kätzchen jagen jedes bewegte Objekt.

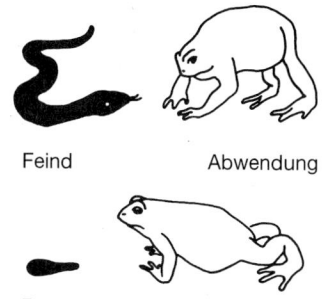

Feind   Abwendung

Beute   Hinwendung

Abb.13
Von Feinden (Schlange oder Igel) zieht sich die Kröte zurück. Auf Beutetiere (Egel, Regenwurm, Fliege) reagiert sie mit Hinwendung.

17

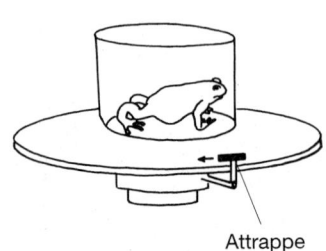

Attrappe

Abb.14
Die Kröte sitzt im Glaszylinder, um den eine Attrappe mit einer Winkelgeschwindigkeit von 20°/min. im Kreis bewegt wird.

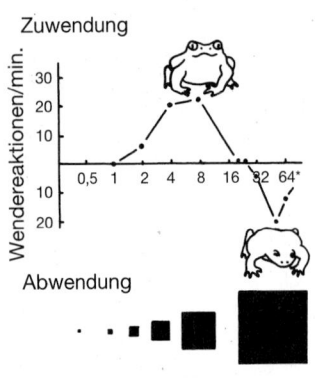

* Sehwinkel in Grad

Abb.15
Die Reaktion der Kröte hängt von der Größe des bewegten Quadrats ab (Versuchsanordnung wie Abb. 14; die Attrappe wird ausgetauscht). Die Größe der Attrappe wird durch die Öffnung des Blickwinkels der Kröte angegeben.

Nach dem Schlüsselreizkonzept haben Tiere bei ihren Reaktionen kein Bild des Konkurrenten (Partners, Feindes oder ihrer Beute) gespeichert und haben keine Einsicht in die Situation. Ihre Reaktion gilt dem Objekt, das den durch wenige Merkmale charakterisierten Schlüsselreiz aussendet.
▲ Beim Füttern von Nestlingen reagieren Vögel nur auf das Sperren ihrer Jungen. Jungvögel, die zu schwach sind und nicht sperren, werden nicht als solche erkannt und aus dem Nest geworfen. ▼

Wie ist eine solche Beschränkung zu erklären? Offensichtlich ist es in der Natur am sichersten, auf ganz einfache Muster zu reagieren, sofern diese ein Objekt hinreichend kennzeichnen. Im Revier des Rotkehlchens gibt es kein anderes Tier vergleichbarer Größe mit einer karminroten Kehle. Das Merkmal „rotes Federbüschel" ist also eindeutig. Anhand eines einfachen Merkmals kann das Tier eine klare Entscheidung treffen und eine schnelle Antwort geben. Das Fehlverhalten der Singvögel beim Füttern des jungen Kuckucks (Abb. 6) – das „Laster der Singvögel" – zeigt, daß die Antwort auf einen Schlüsselreiz in manchen Fällen nicht sinnvoll ist und der Tierart schadet.

Schlüsselreize können in einzelne Merkmale zerlegt werden

Die zur **Identifikation** von Reizmustern als Schlüsselreiz führenden Mechanismen wurden an der **Erdkröte** untersucht:
▲ Wenn eine Kröte einem bewegten Objekt begegnet, so kann dies ein Feind sein, z.B. eine Schlange – oder eine Beute. Die Kröte wendet sich der Beute zu und schnappt nach ihr; von einem Feind dagegen wendet sie sich ab und springt weg (Abb. 13). ▼

An welchen Merkmalen unterscheidet die Kröte Feind und Beute? Diese Frage läßt sich mit Versuchen prüfen, bei denen einfache Attrappen variiert werden (Abb. 14):
Um das Tier wird ein dunkles Kartonstück mit konstanter Geschwindigkeit vor weißem Hintergrund bewegt. Wenn die Attrappe als Schlüsselreiz für Beutefangverhalten wirkt, dreht sich die Kröte ruckartig mit. Die Beutefangaktivität wird durch die Zahl der Wendereaktionen pro Minute gemessen.
– Unbewegte Attrappen lösen keine Reaktion aus.
– Bewegt man unterschiedlich große Quadrate im Abstand von 7 cm um die Kröte, ergibt sich eine optimale Größe von 4 bis 8° (4-9 mm) Kantenlänge. Auf 20° große Quadrate reagiert die Kröte nicht, von noch größeren wendet sie sich ab (Abb. 15).

- Bietet man der Kröte Rechtecke in horizontaler (Wurm-Attrappe) und in vertikaler Lage („Antiwurm"-Attrappe) an, löst die Wurmform häufige Wendereaktionen aus. Von „Antiwürmern" wendet sich die Kröte ab (Abb. 14 und 16).
- Wenn die Attrappen von unten nach oben bewegt werden, löst die senkrecht stehende Attrappe Beuteverhalten aus, die waagerechte dagegen nicht (Abb. 17).

Der Schlüsselreiz „Beute" setzt sich demnach aus mehreren Merkmalen zusammen:
1. Bewegung: Nur bewegte Objekte werden registriert.
2. Größe: Kröten bevorzugen mäßig große Objekte; ab einer bestimmten Größe wird ein Gegenstand gemieden.
3. Form: Die langgestreckte Form wird bevorzugt.
4. Bewegungsrichtung: Ein Streifen, der sich in seiner Längsachse fortbewegt, signalisiert Beute. Bewegung quer zur Achse kann „Feind" bedeuten.

Schlüsselreiz und Auslösemechanismus bilden ein Erkennungssystem

Wie erkennt ein Tier welchen Reiz es beantworten muß? Woher weiß es, welches die passende Antwort ist? Wenn Tiere auf manche Reize reagieren, auf andere aber nicht, dann muß ihr Nervensystem die Meldungen der Sinnesorgane verarbeiten und eine bestimmte Signalkombination als Schlüsselreiz erkennen und zur Wirkung zulassen. Das Teilsystem des ZNS, das dies leistet, ist der Auslösemechanismus (AM).

> Ein **Auslösemechanismus** ist der Bereich des Nervensystems, der Reize **filtert**, den passenden **erkennt** und die zugehörige Verhaltensweise **auslöst**.

Der AM sorgt dafür, daß nur <u>ein</u> Reiz – der Schlüsselreiz – auslösend wirkt. Wie bei Schlüssel und Schloß gibt es eine Passung zwischen einem Reizmuster, dem „Schlüsselreiz", und einer Verhaltensweise. Nur Reize, die zum zugehörigen Auslösemechanismus passen, lösen eine Verhaltensweise aus.

Innere Struktur und die Arbeitsweise des AM sind noch weitgehend unbekannt. Die Leistungen des AM werden von einer Reihe hintereinander geschalteter Instanzen der Sinnesorgane und des Gehirns wahrgenommen.

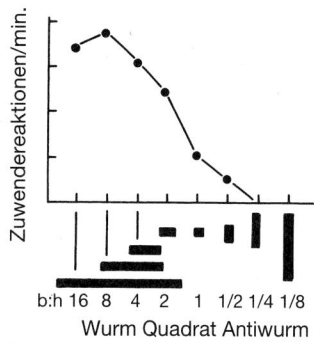

b:h 16 8 4 2 1 1/2 1/4 1/8

Wurm Quadrat Antiwurm

←——→
Bewegungsrichtung

Abb.16
Wurmattrappen lösen Zuwendung aus, „Antiwurm"-Attrappen nicht. Die Form der Attrappen wird durch das Verhältnis Breite : Höhe (b:h) beschrieben (Versuchsanordnung wie Abb. 14).

„Feind"

„Beute"

Abb.17
Langgestreckte Objekte werden als Beute erkannt, wenn sie sich in Richtung ihrer Längsachse bewegen.

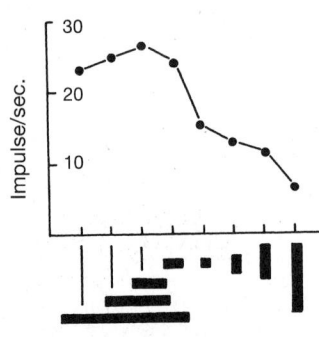

Abb.18
Eine Zellgruppe im Mittelhirn der Kröte reagiert auf Attrappen ähnlich wie das Tier im Glaszylinder (Abb. 16).

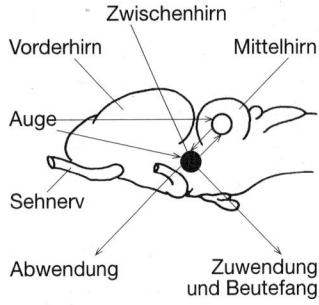

Abb.19
Auge, Mittelhirn und Zwischenhirn arbeiten zur Beuteerkennung zusammen.

▲ Bei der Erdkröte wurde während der Attrappenversuche (S. 18) die Aktivität einzelner Nervenzellen im Auge und im Gehirn gemessen. Schon in der Ganglienzellschicht der Netzhaut gibt es Zelltypen, die auf die Reize unterschiedlich reagieren. Im Dach des Mittelhirns fand man Nervenzellen, deren Impulsmuster auf Wurm- und „Antiwurm"-Attrappen ganz ähnlich wie das im Versuch ermittelte Beutefangverhalten reagiert (Abb. 18). Zerstörung des Mittelhirndaches unterdrückt alle Reaktionen auf bewegte Reize. Durchtrennt man die Verbindung des Mittelhirns zum Zwischenhirn, so antwortet die Kröte auf alles, was sich bewegt mit Beutefangverhalten. Mittelhirndach (Tectum opticum) und Zwischenhirn (Thalamus) sind demnach bei der Erdkröte zentrale Instanzen des Auslösemechanismus (Abb. 19). ▼

Auslösemechanismen können verändert werden

In vielen Fällen reagieren Tiere auf ein bestimmtes Reizmuster in passender Weise, ohne diesem vorher begegnet zu sein:

▲ Kohlmeisen-Nestlinge ducken sich schon beim ersten Hören des Warnrufes einer Kohlmeise. ▼

▲ Die Beuteerkennung der Erdkröte ist nach Ende der Metamorphose fertig ausgebildet. ▼

Einen AM, der nicht gelernt werden muß, bezeichnet man als „**Angeborenen Auslösemechanismus**" (**AAM**).

Ein durch Erfahrung abgeänderter AAM wird **EAAM** genannt:

▲ Eine Kröte, die beim Verspeisen einer Hummel gestochen wurde, wird in Zukunft Hummeln nicht mehr als Beute erkennen (Abb. 81, S. 65). ▼

Ein durch Lernen erworbener AM ist ein **EAM**, ein „Erlernter Auslösemechanismus:

▲ Brutunerfahrene Truthennen bemuttern nur piepsende Küken. Stumme Attrappen lösen Angriffe aus (Abb. 10). Innerhalb weniger Tage lernen die Hennen ihre Küken auch mit den Augen zu erkennen und nehmen auch stumme Küken an. ▼

Verschiedene Reize können sich ersetzen oder verstärken

Oft kann eine Verhaltensweise durch verschiedene Reize ausgelöst werden. Dies dient einerseits einer doppelten **Sicherung:** Die Reize wirken unabhängig voneinander und können sich gegenseitig vertreten. Andererseits verstärken sich die

Reize im Zusammenwirken (Wechselseitige **Reizverstär-kung**). Bietet man mehrere von ihnen gleichzeitig an, so reagieren die Versuchstiere häufiger oder stärker als auf einen einzelnen Reiz.

▲ Der Austernfischer holt aus dem Nest gefallene Eier wieder zurück. Für das Zurückholen sind Größe, Farbe und Fleckung des Eis wichtige Merkmale. Bietet man dem Vogel neben dem eigenen ein künstliches Riesenei an, so reagiert er zuerst auf das Größere. Ein geflecktes Ei zieht er dem ungefleckten vor, ein grünliches wird einem braunen vorgezogen. Das Fehlen der Fleckung kann durch die Vergrößerung des Eis ausgeglichen werden. Am besten wirkt eine Attrappe, die alle auslösenden Reizmerkmale auf sich vereint (Abb. 20). ▼

> Bei der **Reizsummation** addieren sich verschiedene Reizmerkmale in ihrer Auswirkung auf das Verhalten.

Abb. 20
Der Austernfischer bebrütet bevorzugt große Eier, selbst wenn er nicht mehr darauf sitzen kann.

Das Konzept des Schlüsselreizes gilt nicht universell

Das Schlüsselreiz-Konzept geht davon aus, daß Tiere allgemein auf ganz einfache Reize reagieren. Neuere Untersuchungen ergaben, daß Handlungen oft von recht komplexen Reizsituationen ausgelöst werden.

▲ Leuchtend gefärbte Stichlingmännchen haben mehr Eier in ihren Nestern als blassere (Abb. 21). Nach dem Schlüsselreiz-Konzept ist diese Beobachtung recht einfach zu erklären: Die rote Farbe ist der Auslöser, der die Weibchen anlockt. Untersuchungen im Freiland machen eine andere Deutung wahrscheinlich: Die Stichlingweibchen beachten beim Laichen die Farbe der Männchen überhaupt nicht. Sie legen vielmehr ihre Eier bevorzugt in gut getarnte Nester. Prächtig gefärbte Männchen können sich gegenüber Konkurrenten gut durchsetzen. Sie haben daher die besten Nistplätze und somit die meisten Eier. ▼

Viele Tiere sind in der Lage, einander individuell kennenzulernen und auf bestimmte Gefährten anders zu reagieren als auf andere Artgenossen.

▲ Isoliert aufgezogene Buntbarsche balzen einfachste Attrappen an. In der Natur aufgewachsene Männchen dagegen beachten selbst hervorragend nachgemachte Attrappen nicht. Sie balzen auch nicht mit fremden Weibchen, da sie ihre Partnerin individuell kennengelernt haben. ▼

Persönliches Kennen ist auch bei vielen Vogel- und Säugetierarten Voraussetzung für dauerhafte Ehe- und Familienbande.

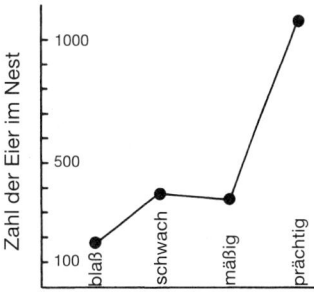

Abb. 21
Leuchtend gefärbte Stichlingmännchen haben mehr Eier im Nest als schwächer gefärbte.

21

2.3 Auslöser

Abb. 22
Frischgeschlüpfte Silbermöwen betteln um Futter, indem sie nach der Schnabelspitze des Eltern-vogels picken. Dieser ist gelb und hat kurz vor der Spitze einen roten Fleck. Die Küken picken auch nach Attrappen. Bietet man eine Attrappe in natürlichen Farben und eine zweite ohne Fleck, so wird erstere bevorzugt. Auch ein schwarzer, blauer oder weißer Fleck macht die Attrappe reizvol-ler als gar keiner.

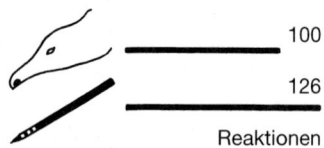

100

126

Reaktionen

Abb. 23
Ein dünner roter Stab mit drei weißen Binden löst bei Küken der Silbermöwe mehr Pickreaktionen aus als naturgetreue Attrappen.

Abb. 24
Die Liebesgesänge männlicher Grillen locken auch parasitische Fliegen an, die ihre Eier in den Körper der Grillen legen.

Auslöser sind Schlüsselreize mit Mitteilungsfunktion

Schlüsselreize, die von Artgenossen des Empfängers ausge-hen, bezeichnet man als **Auslöser**. Auslöser erlauben den Austausch von Nachrichten. Tiere der gleichen Art sind dabei Sender und Empfänger. Als Auslöser können Formen und Farben (Abb. 22), Laute, Düfte und Bewegungen wirken. Beispiele werden bei den Themen **Kommunikation** (S. 117) und **Rituale** (S. 90) behandelt.

> **Auslöser** sind Schlüsselreize, die der Verständigung zwischen Artgenossen dienen.

Bei anderen Schlüsselreizen ist das Interesse an der Informationsübermittlung einseitig: Es liegt sicher nicht im Interesse einer Maus, durch ihre Bewegung das Jagdverhalten der Katze auszulösen. Beim Auslöser dagegen ist das Interes-se wechselseitig: Der rote Fleck auf dem Unterschnabel der Silbermöwe (Abb. 22) dient ausschließlich als Signal für die Jungen; der Duftstoff des Schabenweibchens (Abb. 7) ist gezielt an das Männchen adressiert. Die Bedeutung des Aus-lösers ist bereits beim Sender vorgegeben. Auslöser sind daher besonders gut an die Signalfunktion angepaßt.

Auslöser sind auffällig und unverwechselbar

Auslöser müssen für den Empfänger leicht erkennbar, und daher **auffällig** sein, wie das ziegelrote Brustgefieder des Rotkehlchens. Auffällige Signale werden aber auch von Fein-den leicht wahrgenommen (Abb. 24).
▲ Der rote Bauch des Stichlings, Schlüsselreiz für Konkurren-ten und Weibchen, zieht auch Freßfeinde an. ▼
Um die Gefahr möglichst klein zu halten, treten viele Auslöser nur zu bestimmten Zeiten und nur bei einem Geschlecht auf:
▲ Stichlingmännchen haben nur während der Fortpflanzungs-zeit einen leuchtend roten Bauch. Sonst sind sie silbergrau gefärbt. ▼
▲ Der Nachtreiher (Abb. 156) trägt seine langen Schmuck-federn nur während der Brutzeit. ▼

Sehr auffällige Auslöser liegen auf zusammenfaltbaren Organen. Augenflecken gibt es auf Schmetterlingsflügeln, Fischflossen oder den Schwanzfedern des Pfaus (Abb. 119). Auslöser müssen außerdem **unverwechselbar** sein, wie die Gesänge verschiedener Singvögel. Im Lebensraum darf es keine ähnlichen Muster geben. Verwechslungen könnten gefährlich, mitunter sogar tödlich sein (Abb. 24).

Übernormale Auslöser werden bevorzugt beantwortet

Man kann Attrappen herstellen, deren auslösende Wirkung die des natürlichen Schlüsselreizes übertrifft (Abb. 22, 23).
▲ Leuchtkäfermännchen ziehen Attrappen mit größerer Leuchtfläche ihren eigenen Weibchen vor. ▼

> Ein Reiz, der eine stärkere Antwort auslöst als der natürliche, ist ein **übernormaler Auslöser.**

Auch in der Natur kommen übernormale Auslöser vor:
▲ Der Kuckuck ist ein Brutparasit. Er legt seine Eier in fremde Nester und läßt sie dort ausbrüten und füttern. Der Rachen des jungen Kuckucks ist größer und leuchtender gefärbt als der Rachen der Jungen der Wirtsarten. Er löst bei den Wirtsvögeln mehr Fütterungsreaktionen aus als die eigenen Jungen. ▼

Signalfälschung verschafft dem Nachahmer Vorteile

Auslöser dienen der Verständigung zwischen Artgenossen. Ahmt ein Lebewesen das Signal einer anderen Art gut genug nach, so kann der Signalempfänger die beiden verwechseln. Eine Signalfälschung (Abb. 26) nennt man **Mimikry.**
▲ Die Blüte der Hummelorchidee ahmt eine Hummel täuschend nach. Sogar ihr Duft stimmt mit dem Sexuallockstoff des Hummelweibchens überein. Versucht ein Männchen die vermeintliche Hummel zu begatten, so bestäubt es statt dessen die Orchidee. ▼
Die als Vorbild dienende Art hat von der Verwechslung keine Vorteile, der Nachahmer dagegen profitiert von der Fälschung.
▲ Die Augenmuster auf den Hinterflügeln vieler Schmetterlinge täuschen Freßfeinden einen großen, wachsamen Gegner vor. ▼
Bei **innerartlicher Mimikry** sind Tiere der gleichen Art Vorbild, Nachahmer und Getäuschte.

Ein männlicher Buntbarsch nähert sich dem Weibchen.

Er stellt seine Afterflosse zur Schau, die eine Zeichnung gelber Eiflecken trägt und weckt so ihre Paarungsbereitschaft.

Das Weibchen laicht ab und nimmt unmittelbar darauf ...

... die Eier ins Maul. Das Männchen spreizt wieder die Afterflosse mit den Eiflecken.

Das Weibchen schnappt nach den Ei-Attrappen. Dabei gelangt der vom Männchen ausgestoßene Samen in sein Maul, wo er die Eier befruchtet.

Abb. 25
Bei maulbrütenden Buntbarschen ermöglicht innerartliche Mimikry die Befruchtung der Eier im Maul der Weibchen.

Wespe   Schwebfliege

Abb. 26
Schwebfliegen schützen sich durch Imitation der schwarz-gelben Ringelung der Wespen.

▲ Manche Buntbarsche brüten ihre Eier im Maul aus. Die gelben, runden Eier lösen bei den Weibchen das Aufnehmen aus. Einige Arten nehmen unbefruchtete Eier auf. Ei-Attrappen auf den Afterflossen der Männchen imitieren den Auslöser. Sie veranlassen die Weibchen das Sperma aufzunehmen (Abb. 25). ▼

2.4   Schlüsselreize beim Menschen

Das Kindchenschema ruft ein Gefühl der Zuneigung hervor

Auch Menschen reagieren auf manche recht einfachen Reize. Das bekannteste Beispiel ist das Kindchenschema (Abb. 27), ein optisches Muster, das bei vielen Menschen eine affektive Gesamteinstellung, ein Gefühl der Zuneigung und Zuwendung hervorruft. Menschen aller ethnischen Gruppen und Kulturkreise reagieren auf das gleiche Muster. Es liegt also nahe, das Kindchenschema als Auslöser zu deuten.

Zum Kindchenschema gehört eine Reihe von Merkmalen:
- großer Kopf im Verhältnis zum Rumpf,
- hoher Hirnschädel mit vorgewölbter Stirn,
- tief liegende, große Augen,
- kleiner Saugmund, Stupsnase und Pausbacken,
- kurze, dicke Gliedmaßen und rundliche Körperformen,
- weich-elastische Körperoberfläche und
- tolpatschige Bewegungen.

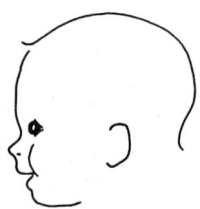

Abb. 27
Menschen und Tiere können Signale des Kindchenschemas aussenden. Tiere mit Merkmalen des Kindchenschemas tragen oft Namen mit der Endung „-chen": Rotkehlchen, Eichhörnchen oder Kaninchen.

Kleinkinder senden diese Signale aus, wenn sie anfangen zu krabbeln und zu laufen, und damit besonders auf den Schutz Erwachsener angewiesen sind. Die Signale richten auch die Aufmerksamkeit fremder Menschen auf das Kind und lösen Zuneigung aus.

Wie stark diese Merkmale auf Menschen wirken, läßt sich durch Attrappenversuche mit Puppen oder Abbildungen nachweisen. Selbst Tiere, die Merkmale des Kindchenschemas tragen, haben eine ähnliche Wirkung (Abb. 27). Das Kindchenschema wird von der Werbung ebenso ausgenützt wie von der Spielwarenindustrie. Beim potentiellen Käufer sollen angenehme Assoziationen zum Produkt hergestellt werden.

Das Kindchenschema ist kein Schlüsselreiz

Nach der verhaltensbiologischen Definition ist das Kindchenschema aber **kein Schlüsselreiz**. Es führt zu keiner vorhersehbaren Verhaltensweise. Im Gegensatz zu Tieren werden beim Menschen nicht unmittelbar Handlungen ausgelöst, sondern Empfindungen oder Verhaltenstendenzen. Die erschreckend hohe Zahl mißhandelter Kinder beweist, daß nicht immer und nicht bei allen Menschen Verhaltensweisen ausgelöst werden, die dem Kind nützen. Ähnliches gilt für „sexuelle Auslöser" (Abb. 28 und 29). Menschen <u>müssen</u> nicht reagieren. Wir haben die Möglichkeit, unser Verhalten zu kontrollieren und uns frei zu entscheiden, wie wir auf Umweltreize antworten. Nur bei psychischen Erkrankungen, bei denen Hemmungen wegfallen, kann ein Außenreiz unmittelbar zu Handlungen führen.

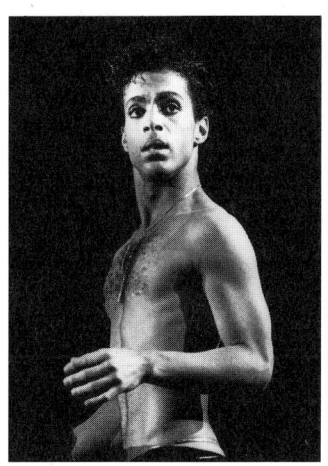

Abb. 28/29
„Sexuelle Auslöser"
Prince (links), Madonna (rechts)

3 Angeborenes Können

Nahrungs-aufnahme

Balzgesang im Brutrevier

Drohen durch Haltung und Gesang

Rivalenkampf

Flügel- und Beinstrecken als Komfortverhalten

Kopulation

Füttern des Jungvogels

Abb. 30
Aus dem Ethogramm des Rot-kehlchens

3.1 Das Ethogramm

Das Ethogramm ist ein Katalog von Verhaltensweisen

Das Verhalten eines Tieres gleicht einem Strom, der von der Geburt bis zum Tode ununterbrochen, aber nicht gleichförmig dahinfließt. Ihn zu strukturieren ist Hauptaufgabe eines Beobachters. Man versucht, einzelne gegeneinander abgrenzbare Ausschnitte zu erkennen, die immer wiederkehren und in gesetzmäßiger Beziehung zueinander stehen. Solche Elemente des Verhaltens nennt man **Verhaltensweisen**. Die Verhaltensweisen werden beschrieben und benannt (Abb. 30). Sie müssen wiedererkennbar und mitteilbar sein.

> Eine Verhaltensweise ist ein komplexer, aus einzelnen Bewegungen zusammengesetzter Bewegungsablauf.

Das Ergebnis der Beobachtung einer Tierart kann eine qualitative Bestandsaufnahme sein. Sie beantwortet die Frage: Welche Verhaltensweisen kommen bei dieser Tierart vor? Ein solches Verhaltens-Inventar nennt man Ethogramm.

> Ein **Ethogramm** ist ein Katalog der Verhaltensweisen einer Tierart.

Zur besseren Übersicht ist es zweckmäßig, Ethogramme nach **Funktionskreisen** wie Fortbewegung, Nahrungserwerb, Feindabwehr, Komfort- oder Sozialverhalten zu ordnen.
Jedes Tier verfügt über eine begrenzte Anzahl von ererbten, **arteigenen Handlungsmustern**, die ihm in bestimmten Situationen des Lebens wie Werkzeuge zur Verfügung stehen. Bei Vögeln und Säugetieren dürften es weit über 1000 verschiedener Verhaltensweisen sein.
Die Verhaltensweisen kann man in vier Kategorien einteilen, die jedoch nicht scharf gegeneinander abgegrenzt sind:
– **Reflexe** sind besonders einfach und treten nur als Reaktionen auf Reize auf (S. 27).

- **Automatismen** sind Verhaltensweisen, die spontan, das heißt ohne äußeren Anlaß ablaufen (S. 38).
- **Erbkoordinationen** sind komplizierter. Sie können als Reaktionen auf Schlüsselreize oder spontan auftreten (S. 29).
- **Taxien** oder Orientierungsbewegungen sind reaktiv und einfach (S. 31).

3.2 Reflexverhalten

Reflexe sind einfache Antworten auf Reize

Die einfachste Art auf einen Reiz zu antworten, ist der Reflex.
▲ Beim Lidschlagreflex schließen sich die Augenlider unwillkürlich, wenn die Augenoberfläche gereizt wird, z.B. wenn ein Luftstrahl auf das Auge trifft. ▼
▲ Ein heller Lichtstrahl läßt die Pupillen im Auge der Katze schmal werden (Pupillenreflex oder Irisreflex). ▼
Kennzeichen von Reflexhandlungen sind:
- Reflexe haben eine einfache Reiz-Reaktions-Beziehung: Auf denselben Reiz folgt **zuverlässig** dieselbe Reaktion, sofern der Reiz überschwellig ist.
- Die Reaktion läuft **stereotyp**, d.h. stets gleich, nach einem festen Programm ab.
- Der Reflex kann mit großer Wahrscheinlichkeit jederzeit ausgelöst werden; Reflexe sind im Allgemeinen beliebig oft **wiederholbar**.
- Reflexe sind **unwillkürlich**, sie können weder durch den Willen unterdrückt noch durch Lernen verhindert werden.

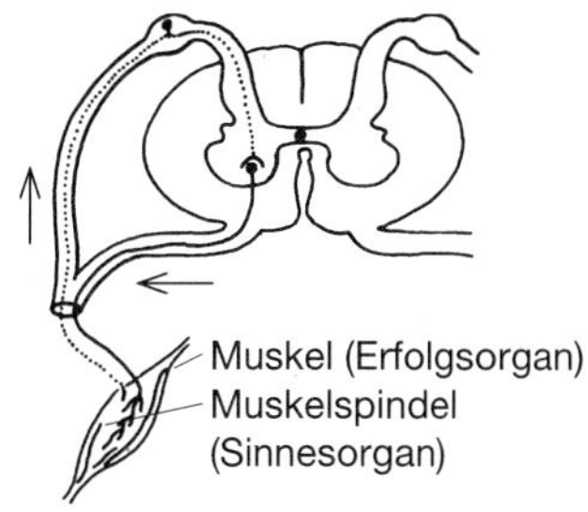

Rückenmark
Spinalganglion

Muskel (Erfolgsorgan)
Muskelspindel
(Sinnesorgan)

Abb. 31
Im einfachsten Fall, beim Eigenreflex, besteht der Reflexbogen aus zwei Neuronen.

> Reflexe sind einfache, sicher und schnell ablaufende Reaktionen.

Reflexe, die ein Tier nicht zu lernen braucht, nennt man **unbedingte Reflexe**. Bedingte Reflexe sind Ergebnisse von Lernvorgängen (S. 67-68).
Das Verhalten aller Tiere ist von Reflexen mitbestimmt. Sie sind vor allem dort von Bedeutung, wo ein Tier ständig bereit sein muß, Reize in festgelegter Weise schnell und sicher zu beantworten. Viele unwillkürliche Reflexe sind schnelle Schutzreaktionen, sie bewahren ein Lebewesen vor Schaden. Beim Menschen sind dies z.B. Schlucken, Husten, Niesen,

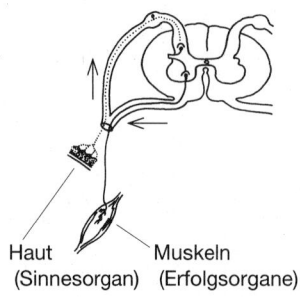

Haut   Muskeln
(Sinnesorgan) (Erfolgsorgane)

Abb. 32
Fremdreflexe werden über mehrere zentrale Synapsen geschaltet.

Abb. 33
Igel ziehen bei Gefahr ihren Ringmuskel zusammen und rollen sich zu einer Stachelkugel ein, in der auch Kopf und Pfoten verschwinden. Die Stacheln richten sich dabei auf und machen den Igel unangreifbar.

Erbrechen, Irisreflex. Auch an komplexeren Verhaltensweisen sind Reflexe beteiligt.

Die **Reflexkettentheorie** führte das gesamte Verhalten auf Reflexe zurück. Komplizierte Handlungen wurden als Reflexketten gedeutet. Das erste Glied der Kette reagiert auf Außenreize, die folgenden auf die jeweils vorangegangene Reflexantwort.

Der Reflexbogen ist eine einfache Nervenschaltung

Unbedingte Reflexe werden recht zuverlässig ausgeführt, weil ihnen einfache, wenig störanfällige Nervenschaltungen zugrunde liegen. Die anatomische Grundlage eines Reflexes ist der **Reflexbogen** (Abb. 31 und 32). Er vermittelt zwischen dem **Sinnesorgan**, das den *Reiz* wahrnimmt und dem **Erfolgsorgan**, einem Muskel oder einer Drüse, das antwortet. Die *Programme* für Reflexe liegen im Nervensystem fertig vor; sie müssen lediglich durch einen Reiz abgerufen werden.

▲ Bei Dehnungsreflexen mißt eine Muskelspindel die Dehnung des Muskels. Bei Abweichungen vom Sollwert wird über den Reflexbogen die Kontraktion des Muskels veranlaßt und damit dessen ursprüngliche Länge wieder hergestellt. ▼

Dehnungsreflexe sind **Eigenreflexe**. Das gereizte Organ ist dabei auch das ausführende. Eigenreflexe haben besonders einfache Schaltbilder (Abb. 31). Vom Sinnesorgan führt eine Nervenfaser zum Rückenmark. Dort wird sie über eine *Synapse* auf eine zweite Nervenfaser geschaltet, die zum Erfolgsorgan zieht. Die Reflexzeit beträgt beim Menschen etwa 0,2 sec. Etwas komplizierter geschaltet sind **Fremdreflexe** (Abb. 32).

▲ Wird die Flankenhaut einer Kröte mit einem Pinsel gereizt, so versucht das Tier diesen mit dem Hinterbein wegzuwischen. Die Reaktion läuft unverändert weiter, auch wenn der Pinsel inzwischen entfernt wurde. ▼

Die Erregung wird über mehrere Zwischen*neurone* übertragen. Beim Schluckreflex arbeiten etwa 20 Muskeln fein aufeinander abgestimmt harmonisch zusammen, sobald der Zungengrund gereizt wird. Manche Reflexe betreffen den ganzen Körper eines Lebewesens (Abb. 33).

▲ Legt man einen Frosch mit einer schnellen Bewegung auf den Rücken, so bleibt er minutenlang reglos liegen (Totstellreflex). ▼

3.3 Die Erbkoordination

Erbkoordinationen sind Aktion und Reaktion in einem

Reflexe sind immer **reaktiv**. Sie liegen auf Abruf bereit, um von einem *Reiz* ausgelöst zu werden. Läßt sich bei einer Bewegung eine eindeutige zeitliche Abhängigkeit von einem Reiz nicht nachweisen, so spricht man von einer **Aktion**. Bewegungsfolgen wie die **Zirkelbewegung** des Stars (Abb. 34) können als Aktion oder als Reaktion auftreten:

Abb. 34
Zirkelbewegung eines Stars

▲ Der Star steckt bei der Nahrungssuche seinen Schnabel in den weichen Boden oder in eine Ritze und öffnet sie soweit, daß er hineinschauen kann. Da seine Pupillen genau in der Verlängerung der Mundspalte liegen, kann er in den Spalt blicken, wenn dieser um wenige Millimeter erweitert wurde. Mit Hilfe der Zirkelbewegung gewinnt der Star einen großen Teil seiner Nahrung. Er zeigt sie immer, wenn er irgendwo Ritzen oder Spalten vorfindet. Auch unbekannte Objekte untersucht er zirkelnd. ▼
Eine solche koordiniert ablaufende, leicht wiedererkennbare Verhaltensweise bezeichnet man als **Erbkoordination**. Andere gebräuchliche Begriffe sind „Ablaufkoordination", „Instinktbewegung" und „modaler Bewegungsablauf".

Austernfischer

> Eine **Erbkoordination** ist ein wiedererkennbarer, geordneter und arteigener Bewegungsablauf. Er kann durch Schlüsselreize ausgelöst oder spontan aktiv werden.

Ein anderes Beispiel einer Erbkoordination zeigt weitere charakteristische Unterschiede zum Reflex:
▲ Ein hungriger Säugling pendelt mit dem Kopf suchend hin und her. Der Mund ist offen. Sobald die Lippen die Brustwarze berühren, wird deren Einsaugen und Trinken ausgelöst. ▼

Uferschnepfe

Abb. 35
Erbkoordinationen sind artspezifisch. Wenn sich ein Austernfischer am Kopf kratzt, so spreizt er den Flügel ab und bringt das Bein über den Flügel hinweg zum Kopf. Eine Uferschnepfe dagegen bringt das Bein auf kürzestem Weg an den Kopf.

– Die Erbkoordination ist durch umfangreichere und komplexere Bewegungsfolgen charakterisiert. Die Zahl der beteiligten *Synapsen* ist enorm.
– Eine Erbkoordination tritt nur auf, wenn der Handelnde motiviert ist, in diesem Beispiel, wenn der Säugling hungrig ist; Reflexe sind unabhängig von einer Motivation.
– Während der Reflex immer auf einen *Reiz* folgt, kann bei der Erbkoordination der Reiz aktiv gesucht werden (Appetenz S. 47).

Instinktbewegungen treten auch bei Ortsveränderungen auf, beim Laufen, Fliegen und Schwimmen; man kann sie bei der Körperpflege (Kratzen, Putzen; Abb. 35), beim Nestbau, bei der Balz und der Nahrungsaufnahme (Nagen, Saugen, Kauen) beobachten.

Erbkoordinationen verlaufen nach festen Mustern

Jeder Erbkoordination liegt ein festes Bewegungsprogramm zugrunde.

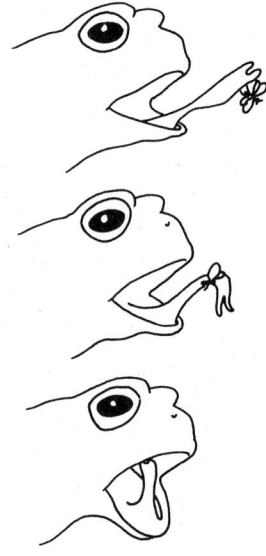

▲ Eine sehr einfache Erbkoordination ist der Zungenschlag der Erdköte (Abb. 36). Man kann fünf Phasen unterscheiden:
- Die Kiefer öffnen sich;
- die Zunge schnellt heraus. Sie beschreibt dabei eine halbkreisförmige Drehung nach vorne.
- Die Zungenspitze rollt nach außen und ergreift die Fliege;
- die Zunge wird eingezogen;
- die Kiefer schließen sich.

Bei dieser Bewegungsfolge arbeiten Muskeln der Zunge und des Kiefers in fein zeitlich und räumlich koordinierter Weise zusammen. Das Bewegungsmuster ist als festes Programm im Gehirn der Kröte gespeichert. ▼

Eine Erbkoordination ist wenig anpassungsfähig. Einmal begonnen wird sie in festgelegter Abfolge von Anfang bis zum Ende durchgeführt. Sie läuft wie ein Uhrwerk ab; auch wenn die auslösenden Reize wegfallen oder während des Bewegungsablaufes neue Reize hinzukommen, wird das Bewegungsprogramm vollendet.

Abb. 36
Der Zungenschlag tritt als Teil der Beutefanghandlung auf, wenn die Kröte eine Fliege schnappt.

> Erbkoordinationen sind durch ihre Formkonstanz charakterisiert.

Manch eine Instinktbewegung sieht auf den ersten Blick nach einer überlegten Handlung aus. Tatsächlich hat der Ausführende jedoch keine Einsicht in den Sinn seines Verhaltens. Man erkennt dies unter anderem daran,
- daß er nicht in der Lage ist, auf veränderte Bedingungen sinnvoll zu reagieren;
  ▲ Störche verteidigen ihr Nest gegen Feinde, unabhängig davon, ob es voll oder leer ist. Außerhalb des Nestes dagegen werden die Jungen nicht verteidigt. ▼
- daß das Bewegungsmuster fast unabhängig von den Erfahrungen ist, die ein Tier gemacht hat (Abb. 76, 77);

30

– daß Erbkoordnationen durch punktförmige elektrische Reizungen von Stammhirnteilen ausgelöst werden können.

▲ Wird beim Huhn ein bestimmtes Gehirngebiet durch implantierte Elektroden gereizt, so wird eine Bewegungsfolge hervorgerufen, die es sonst einem Bodenfeind gegenüber zeigt (Abb. 37). ▼

Erbkoordinationen sind im Ausmaß variabel

Trotz der Formkonstanz der Erbkoordination fallen bei genauem Beobachten Abwandlungen auf.
▲ Im Gesang vieler Vogelarten gibt es individuelle Variationen. ▼
Geschwindigkeit und **Amplitude** der Bewegungen sind variabel.
▲ Beim Hund nehmen mit steigender Intensität des Schwanzwedelns Geschwindigkeit, Ausschlag und Dauer zu.▼
Trotzdem kann man die Bewegung immer als solche erkennen. Die Proportionen werden stets beibehalten. Beschleunigt sich die Bewegung, betrifft dies alle Anteile gleichermaßen. Manchmal ändert sich die **Zahl der Wiederholungen**.
▲ Ein Frosch führt seine Beutefanghandlung ganz oder gar nicht aus. Ein schwacher Reiz führt nicht zu einem kurzen Sprung, sondern er führt weniger oft zu einem Sprung als ein starker Reiz. ▼
Erbkoordinationen werden auf die Umgebung eingestellt:
▲ Auf ebenem Grund sind die Schreitbewegungen eines Hundes gleichförmig. Bei Unebenheiten des Bodens verringert oder vergrößert sich die Schrittweite. ▼

zunehmende Reizstärke

Das Huhn ruht.

Bei steigender Spannung merkt es auf,

steht auf und beginnt zu gakkern,

es geht umher und entleert sich,

dreht sich um und hockt sich nieder,

macht zielende Kopfbewegungen und fliegt schließlich schreiend weg.

Abb. 37
Langsam ansteigende elektrische Reizung eines Gehirnareals löst eine Verhaltensfolge aus, die sonst als Reaktion auf einen Bodenfeind gezeigt wird.

3.4 Taxis

Taxien dienen der Orientierung im Raum

Die Taxis ist eine Bewegung, die der räumlichen Orientierung dient. Mit ihrer Hilfe richtet ein Tier seine Stellung oder seine Bewegungen relativ zu Umweltreizen aus: Es richtet sich zum *Reiz* hin (positiv) oder vom Reiz weg (negativ):
▲ Der Einzeller *Euglena* (das „Augentierchen"; Abb. 38) schwimmt mit wellenförmigen Geißelschlägen nach vorn. Dabei dreht sich der Körper um seine Längsachse. Bei jeder

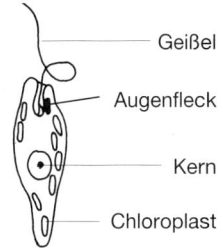

Geißel

Augenfleck

Kern

Chloroplast

Abb. 38
Bei Belichtung kann das Augentierchen Euglena Photosynthese durchführen.

31

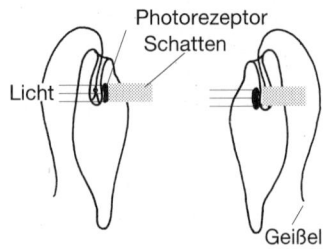

Abb. 39
Der Augenfleck des Augentierchens beschattet bei jeder Drehung einmal die lichtempfindliche Stelle der Geißelbasis.

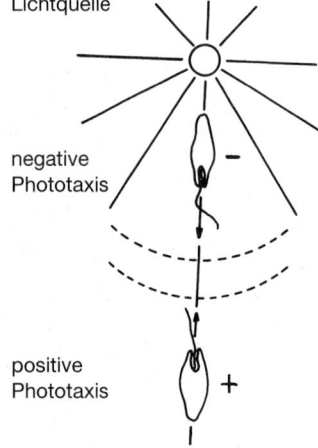

Abb. 40
Bei schwachem Licht schwimmt das Augentierchen auf die Lichtquelle zu (positive Phototaxis), bei starker Beleuchtung orientiert es sich vom Licht weg (negative Phototaxis).

Abb. 41
Junge Amselnestlinge sperren zunächst schweregerichtet nach oben (links), später richten sie sich nach optischen Reizen (rechts).

Drehung wird die lichtempfindliche Stelle an der Geiselbasis kurz durch den Augenfleck beschattet. Um sich zum Licht zu orientieren korrigiert Euglena seine Schwimmbahn so lange, bis keine Beschattung mehr erfolgt (Abb. 39). ▼
Eine Orientierungsbewegung kann auch auf einen Körperteil beschränkt sein:
▲ Wenn man um eine Eule herumgeht, dreht diese den Kopf mit. ▼

> Die Taxis oder Orientierungsreaktion ist eine Wendung des Körpers zu einer oder mehreren Reizquellen.

Richtende Reize ermöglichen die Orientierung

Umweltreize können einerseits als Schlüsselreize ein Verhalten auslösen, andererseits können sie als **richtende Reize** der Bewegung die Orientierung geben. Oft wirkt derselbe *Reiz* als Schlüsselreiz und als richtender Reiz:
▲ Der Anblick der Maus löst bei der Katze die Beutefanghandlung aus; sie gibt auch die Richtung für das Anschleichen und den Sprung vor. ▼
▲ Amselnestlinge recken bei der Fütterung die Hälse nach oben und sperren die Schnäbel auf. Der Schnabel der Mutter wirkt dabei auslösend und richtend (Abb. 41, rechts). ▼
Nur selten lassen sich auslösende und richtende Reize trennen:
▲ Unmittelbar nach Öffnen der Augen löst bei Amseln ein optischer Reiz das Sperren aus, richtender Reiz ist jedoch die Schwerkraft (Abb. 41, links). ▼
Taxien benennt man nach der Natur des richtenden Reizes (Abb 40):
▲ Bewegt sich ein Strudelwurm auf eine Beute zu, die er mit seinen chemischen Sinnesorganen wahrnimmt, so nennt man das positive Chemotaxis. ▼
▲ Die Orientierung der Amselnestlinge im Schwerefeld der Erde (Abb. 41, links) ist ein Beispiel für negative Geotaxis. ▼
▲ Lachse steigen zur Fortpflanzung gegen die Strömung flußaufwärts, sie verhalten sich positiv rheotaktisch. ▼

Oft wirken mehrere richtende Reize auf ein Lebewesen ein.
▲ Die Körperlage des Fisches im Wasser wird durch die Schwerkraft und den Lichteinfall bestimmt. Normalerweise wirken beide in der gleichen Richtung. Wird ein Segelflosser im verdunkelten Aquarium seitlich beleuchtet, so neigt er seinen Körper mit dem Rücken zum Licht hin. ▼

Zur Instinkthandlung gehören Erbkoordination und Taxis

Taxien treten oft zusammen mit Erbkoordinationen auf. Sie können **gleichzeitig** mit der Erbkoordination stattfinden oder zeitlich von dieser **getrennt**. Dieses Prinzip – eine Verhaltensweise besteht aus Erbkoordination und Orientierungsreaktion – gilt für viele Bewegungen. LORENZ und TINBERGEN nannten dieses Zusammenspiel „Instinkthandlung".

> Eine **Instinkthandlung** besteht aus einer Erbkoordination und einer Taxiskomponente.

Die Taxis kann der Erbkoordination vorangehen

Beim Beutefang der Kröte (Abb. 42) geht der Erbkoordination stets die Wendebewegung, eine Orientierungsreaktion, voran.
▲ Wenn die Kröte eine Fliege erblickt, so richtet sie zuerst ihre Körperposition aus, bis sie die Beute im Zentrum ihres binokularen Gesichtsfeldes fixiert (Taxis). Dann schleudert sie ihre Zunge aus und zieht sie wieder ein (Erbkoordination). Der Zungenschlag wird nicht ortskorrigiert. Wenn sich die Beute schnell wegbewegt, schnappt die Kröte an ihr vorbei und verfehlt sie. ▼

Taxis und Erbkoordination können gleichzeitig auftreten

Bei der Eirollbewegung der Graugans überlagern sich Erbkoordination und Taxis:
▲ Gänse bebrüten ihre Eier in Nestern, die sie auf dem Boden aufschichten. Manchmal stoßen sie beim Brüten versehentlich ein Ei aus dem Nest. Entdeckt die Gans das versprengte Ei, visiert sie es an, streckt ihren Hals aus und geht darauf zu, bis sie es mit dem Schnabel berührt. Sie legt den Schnabel auf das Ei und rollt es ins Nest zurück (Abb. 43). ▼
Diese Grundbewegung ist eine **Erbkoordination**.
▲ Wenn die Gans das Ei über den Nestrand zurückrollt, macht der Schnabel Bewegungen nach beiden Seiten, die dazu dienen, das Ei auf direktem Kurs zum Nest zu halten. ▼
Diese seitlichen Bewegungen entsprechen der **Taxis**. Zwei einfache Versuche zeigen, daß die Taxis von der Erbkoordination getrennt werden kann:

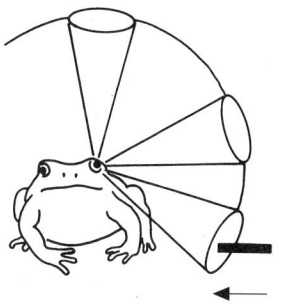

Die Beute tritt ins Gesichtsfeld,

die Kröte wendet sich der Beute zu (Taxis),

fixiert sie und

ergreift sie mit der Zunge (Erbkoordination).

Abb. 42
Die Beutefanghandlung der Erdkröte besteht aus einer Taxisbewegung und einer Erbkoordination.

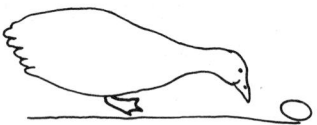

Die Gans geht mit aus-
gestrecktem Hals auf das Ei zu,

bis sie es mit dem Schnabel berührt.

Sie legt den Schnabel auf die
dem Nest abgewandte Seite des
Eies

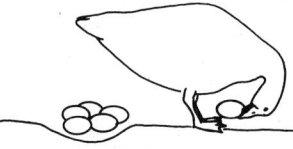

und rollt das Ei durch Abbiegen
des Halses in die Nestmulde zurück. Durch Schnabelbewegun-
gen hält sie das Ei auf Kurs.

Abb. 43
*Die Eirollbewegung der Graugans
ist eine Instinkthandlung.*

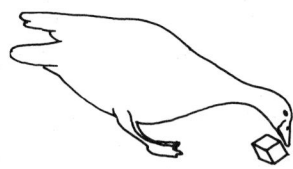

Abb. 44
*Ersetzt man das Ei durch einen
Würfel, so unterbleibt die Taxis.*

▲ Entfernt man das Ei nach Beginn der Einrollbewegung, so
läuft die Bewegung trotzdem bis zum Ende ab, diesmal aber
ohne seitliche Steuerbewegungen.▼
▲ Bietet man der Gans einen kleinen Holzwürfel als Ei-
Attrappe, so läuft nur die Erbkoordination ab; die Steuerbewegungen bleiben aus (Abb. 44). ▼
Die Taxis ist also nur solange vorhanden, wie richtende Reize
wahrgenommen werden. Die Erbkoordination dagegen läuft,
einmal ausgelöst, formkonstant bis zum Ende ab.

3.5 Handlungsketten

Folgen von Instinkthandlungen bilden Handlungsketten

Instinkthandlungen können zu Folgen aneinandergereiht sein
und so ganze Verhaltensmuster aufbauen. Häufig führt ein
Bewegungsablauf einen neuen Reiz ins Blickfeld oder schafft
eine neue Auslösesituation, welche die nächste Verhaltensweise in Gang setzt.
▲ Ein Kätzchen sucht nach der Brustwarze seiner Mutter.
Sobald es diese spürt, schnappt es danach. Hat es die Zitze im
Mund, so stößt es mit Schnauze und Pfoten rhythmisch gegen
die Brust der Mutter (Milchtritt) und saugt. ▼

> Folgen mehrere Instinkthandlungen in fester Reihenfolge
> aufeinander, so entsteht eine **Handlungskette**.

Handlungsketten an denen zwei Tiere beteiligt sind, spielen
eine große Rolle beim Balzverhalten (Abb. 25) und bei
ritualisierten Zweikämpfen (Abb. 26, 173, 174 und 178). Die
Bewegung eines Individuums ist dabei Auslöser für die Instinkthandlung des anderen. Ein besonders gut untersuchtes Bei-
spiel für eine **doppelte Handlungskette** ist die Balz des
Stichlings (Abb. 45). Bleibt die Reaktion eines Partners aus,
so kann der andere eine Teilhandlung wiederholen, sonst
bricht die Handlungskette ab. Jeder einzelne Auslöser der
Handlungskette läßt sich durch Attrappen ersetzen:
▲ Hindert man das Stichlingmännchen am Schwanztrommeln
(Abb. 45 [8]), so wartet das Weibchen einige Sekunden im
Nest und schlüpft dann heraus, ohne abgelaicht zu haben.
Trommelt man aber mit einem Stäbchen gegen die Schwanz-
wurzel des Weibchens, so beginnt es mit dem Ablaichen. ▼

Das Weibchen

(1) erscheint im Revier eines
Stichlingmännchens,

(3) zeigt den mit Laich gefüllten
Bauch (Aufforderungsstellung),

(5) folgt dem Männchen zum
Nest,

(7) schlüpft hinein und bleibt im
Nest liegen,

(9) laicht ab und verläßt das
Nest.

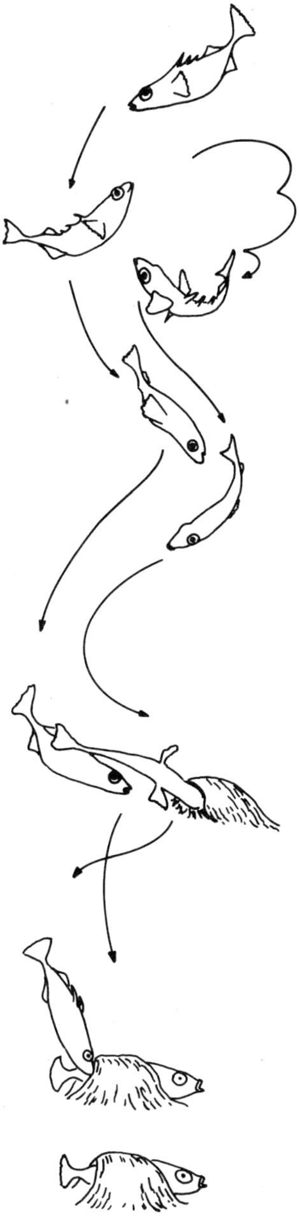

Das Männchen

(2) beginnt mit dem Zickzack-
tanz,

(4) schwimmt zum Nest,

(6) zeigt mehrmals mit dem
Kopf zum Nesteingang,

(8) tippt mit seinem Maul in
schneller Folge gegen die
Schwanzwurzel des Weib-
chens,

(10) schlüpft ins Nest und
besamt die Eier.

Abb. 45
Die Balz des Stichlings ist eine doppelte Handlungskette.

4 Verhaltensbereitschaft

4.1 Motivation

Anzahl der
Zirkelbewegungen

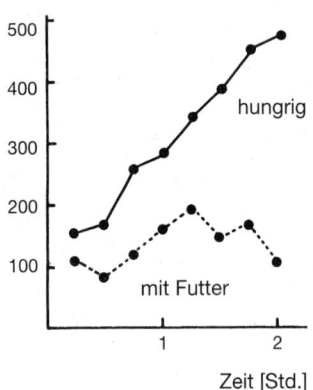

Abb. 46
*Hungrige Stare zeigen die Zirkel-
bewegung viel häufiger als satte.*

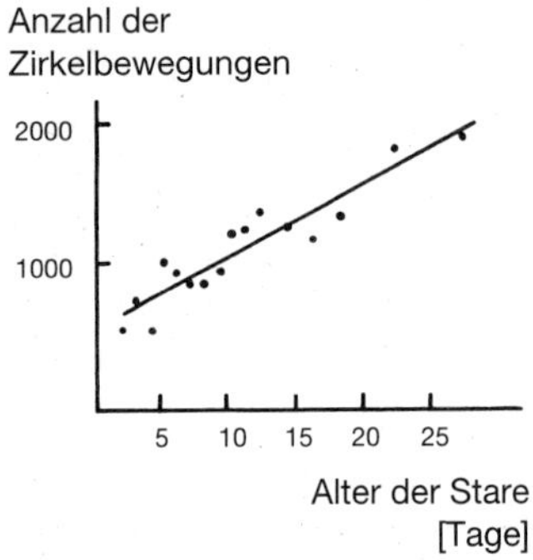

Anzahl der
Zirkelbewegungen

Abb. 47
*Die Häufigkeit der Zirkelbewegun-
gen nimmt mit dem Alter der Stare zu.*

Die Motivation setzt Prioritäten im Verhalten

Während Reflexe mit großer Sicherheit auf den zugehörigen
Außenreiz antworten, vermißt man bei der Erbkoordination
oft die strenge Reiz-Reaktions-Beziehung. Ein Schlüsselreiz
löst nicht in jedem Falle eine Reaktion aus. Die Bereitschaft
zur Reaktion ändert sich nach den aktuellen Bedürfnissen.
▲ Rotkehlchen greifen eine Attrappe mit roter Brust nur
während der Brutzeit an – und auch dann nur in ihrem Revier.▼
▲ Die Häufigkeit der Zirkelbewegung beim Star hängt – bei
gleichbleibender Reizsituation – unter anderem vom Hunger
und vom Lebensalter ab (Abb. 46 und 47). ▼
Am Zustandekommen einer Instinkthandlung ist neben den
auslösenden Reizen auch ein innerer Zustand beteiligt, den
man als Verhaltensbereitschaft oder Handlungsbereitschaft
bezeichnet. In ähnlicher Bedeutung werden auch die Begriffe
Antrieb, Motivation, Stimmung und Trieb verwendet.

> Die **Handlungsbereitschaft** ist der innere Zustand, der
> dafür verantwortlich ist, daß ein Tier zu verschiedenen
> Zeiten auf den gleichen Reiz unterschiedlich antwortet.

Eine wichtige Eigenschaft der Handlungsbereitschaft ist ihr
mehr oder weniger schneller Wechsel. So ist es Menschen und
Tieren möglich, nacheinander unterschiedliche Ziele zu verfolgen, die für die Erhaltung ihres Lebens und für ihre Fortpflanzung unabdingbar sind.

Jede Verhaltensweise hat ihren eigenen Antrieb

Jeder Erbkoordination kann eine eigene Handlungsbereitschaft
zugeordnet werden:
▲ Auch ein satter Jagdhund hat das Bedürfnis zu jagen.
Fressen und Jagen folgen unterschiedlichen Bereitschaften. ▼
▲ Die Beutefanghandlungen der Katze wie Lauern, An-
schleichen, Anspringen, Angeln und Haschen, die meist als
Handlungskette auftreten, sind voneinander unabhängige

Erbkoordinationen. Jede von ihnen hat einen eigenen Antrieb; die zeitliche Aufeinanderfolge kann wechseln. ▼

▲ Spechtfinken (Abb. 113) stochern auch dann mit einem Stachel in geeigneten Höhlen, wenn eine Larve frei daliegt. Die Bereitschaft zu stochern hängt also nicht allein vom Hunger ab. ▼

Durch die Motivation kann die Zielstrebigkeit des Verhaltens, die Abstimmung auf die jeweiligen Bedürfnisse erklärt werden. Je nach Höhe einer bestimmten Bereitschaft wählt das Tier unter den auslösenden Reizen der Umwelt aus. Bietet man einem Tier gleichzeitig Fressen und Trinken an, so entscheiden Hunger oder Durst darüber, welches Verhalten zuerst gezeigt wird. Die Motivation setzt Prioritäten.

Handlungsbereitschaften sind einander untergeordnet

Manche Verhaltensweisen gehören zu Funktionskreisen zusammen. Sie treten in bestimmter Reihenfolge auf und setzen eine gemeinsame Motivation voraus.

▲ Wenn eine Katze in Jagdstimmung ist, treten die dazugehörigen Verhaltensweisen in wohlgeordneter Folge auf. Die Motivation zur Jagd erhöht die Bereitschaft zu allen Bewegungen, die zu diesem Verhaltenskreis gehören. Sie alle lassen sich jetzt leicht durch geeignete Reize auslösen. ▼

Nikolas TINBERGEN entwickelte am Fortpflanzungsverhalten des Stichlings das **hierarchische Instinktmodell** (Abb. 48). Hierarchie ist die Herrschaft einer übergeordneten über eine untergeordnete Instanz. Die übergeordnete Motivation ist die des Fortpflanzungsverhaltens. Dieser sind die Bereitschaften zu Nestbau-, Kampf- und Balzverhalten nachgeordnet. Dem Kampfverhalten sind wieder die Instinkthandlungen wie das Beißen oder das Imponieren untergeordnet. Die übergeordnete Motivation spannt einfachere Handlungen für ihre Zwecke ein.

Handlungsbereitschaften desselben Niveaus hemmen sich gegenseitig. So schließen sich Brutpflege und Balz gegenseitig aus (Prinzip der gegenseitigen Hemmung).

Manche Verhaltensweisen werden von mehreren Motivationen kontrolliert. Solche **Mehrzweckbewegungen** sind bei Fischen z.B. das Schwimmen und das Beißen. Sie werden in unterschiedlichen Zusammenhängen (z.B. bei Nahrungssuche und Nestbau bzw. beim Kampf) gebraucht.

Das hierarchische Instinktmodell von TINBERGEN ist als **Arbeitshypothese** zu betrachten, die korrigiert, ausgebaut und wider-

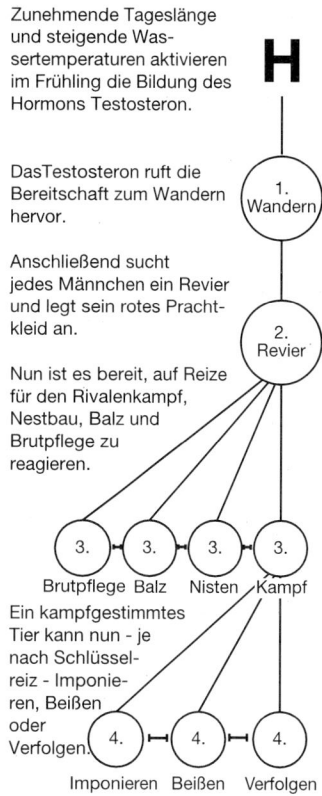

Verhalten der Stichlingmännchen

Zunehmende Tageslänge und steigende Wassertemperaturen aktivieren im Frühling die Bildung des Hormons Testosteron.

DasTestosteron ruft die Bereitschaft zum Wandern hervor.

Anschließend sucht jedes Männchen ein Revier und legt sein rotes Prachtkleid an.

Nun ist es bereit, auf Reize für den Rivalenkampf, Nestbau, Balz und Brutpflege zu reagieren.

Ein kampfgestimmtes Tier kann nun - je nach Schlüsselreiz - Imponieren, Beißen oder Verfolgen.

Die Zentren einer Stufe hemmen sich gegenseitig: Das Tier kann nicht gleichzeitig kämpfen und balzen oder verfolgen und beißen.

Abb. 48

Das hierarchische Instinktmodell von TINBERGEN (hier stark vereinfacht) geht davon aus, daß Instinktzentren einander in mehreren Stufen über- und untergeordnet sind. Es wurde am Beispiel des Fortpflanzungsverhaltens männlicher Stichlinge beschrieben.

Ein ausgestopfter Iltis wird kaum wahrgenommen.

Sobald eine Spannung angelegt wird, löst der Iltis heftiges Drohen …

… und einen Angriff aus.

Ist der Angriff erfolglos, so wendet sich das Huhn schreiend zur Flucht.

Reizstärke

Abb. 49
Erst wenn die Handlungs-bereitschaft durch elektrische Reizung eines Motivations-zentrums aktiviert wird, reagiert das Huhn auf die Bedrohung.

„Das Nervensystem gleicht also nicht so sehr einem faulen Esel, dem man einen Schlag geben muß […] ehe er einen Schritt tun kann, sondern eher einem tempe-ramentvollen Pferde, das ebenso der Zügel, als der Peitsche bedarf."
ERICH VON HOLST

legt werden kann. Das Modell hilft, sinnvolle Beobachtungen und Versuche zu planen und zu interpretieren, beansprucht aber keine universelle Gültigkeit. Es gibt eine ganze Reihe ähnlicher, leicht abgewandelter Modelle; manche Biologen halten das Modell für widerlegt.

Gehirnreizung kann die Handlungsbereitschaft ändern

Elektrische oder chemische Reizung bestimmter Reizpunkte im Gehirn kann Verhaltensbereitschaften ändern.
▲ Die Reizung eines Gehirnareals löst beim Huhn lediglich eine motorische Unruhe aus. Wird dem Huhn während der Reizung ein ausgestopfter Iltis gezeigt, reagiert es heftig (Abb. 49). Ohne Gehirnreizung reagiert es auf den Iltis nur wenig. Der Reiz aktiviert also die Motivation für Bodenfeind-verhalten, die, je nach Reizsituation, Angriff oder Flucht ermöglicht. ▼
Durch solche Versuche können **Motivationszentren** für einzelne Verhaltensweisen im Gehirn lokalisiert werden.
▲ Im Boden des *Zwischenhirns* – im *Hypothalamus* – liegt das Durstzentrum. Wird dieses bei einem Hund elektrisch oder durch *Acetylcholin* gereizt, so trinkt der Hund übermäßig viel; wird es zerstört, so hört er ganz auf zu trinken. ▼

Spontanes Verhalten tritt ohne Außenreize auf

Tiere sind oft aus eigenem **Antrieb** aktiv. Manche Bewegungen laufen ohne Außenreize vollständig und harmonisch ab.
▲ Kükenembryonen bewegen sich schon am 3. Bebrütungstag, obwohl sie erst vier Tage später auf Berührungsreize reagieren. ▼
▲ Die Bereitschaft zur Zirkelbewegung beim Star (S. 29) ist ständig hoch. Stare beginnen oft ohne besonderen Reiz zu zirkeln. ▼
Ein Verhalten, das ohne Außenreize, aus innerem Antrieb aktiv wird, nennt man Spontanverhalten oder spontane Aktion.

> Eine **spontane Aktion** wird allein durch inneren Antrieb aktiv.

Ein Beispiel für spontane Aktivität von Nerven ist das Herz.
▲ Das Herz bildet die für seine Muskelkontraktionen notwendigen Erregungen selber. Die Erregung nimmt ihren Ausgang

vom Sinusknoten, dem Schrittmacher des Herzens. Die Erregung löst die Kontraktion der Herzvorkammern aus, erreicht den Vorhofkammerknoten, der sie verstärkt, an die Herzkammern weiterleitet und diese zur Kontraktion bringt (Abb. 50). ▼

Am Herzen kann auch gezeigt werden, daß spontane Reizerzeugung im Normalfall unbemerkt bleiben kann:

▲ Nicht nur der Sinusknoten, auch der Vorhofkammerknoten erzeugt selbst rhythmische Erregung Die Reizerzeugung des Vorhofkammerknotens bleibt normalerweise verborgen, weil der Sinusknoten eine höhere Frequenz hat und er die Entladung des Vorhofkammerknotens immer um den Bruchteil einer Sekunde früher veranlaßt, als sie von sich aus erfolgt wäre (Abb. 51). ▼

Rhythmische Reizerzeugung gibt es auch in vielen Zentren des Gehirns. Verhaltensweisen werden selten spontan aktiv, weil sie meist schon vorher durch einen Schlüsselreiz ausgelöst werden. Durch operative Eingriffe kann man die autonome Reizerzeugung des Nervensystems demonstrieren:

▲ Ein Regenwurm ohne Oberschlundganglion kriecht unaufhörlich. ▼

▲ Fische bewegen nach Zerstörung verschiedener Verbindungen im Gehirn die Flossen mit hoher Präzision und Gleichmäßigkeit ununterbrochen bis zu ihrem Tod. ▼

Es gibt einen fließenden Übergang von ausschließlich durch inneren Antrieb erzeugten Verhaltensweisen (**Automatismen**) und ausschließlich von äußeren Reizen ausgelösten Handlungen (**Reflexe**). Dazwischen liegen viele Fälle, in denen beide Ursachen zusammenwirken, um ein bestimmtes Verhalten hervorzurufen. Wie wichtig jeweils die eine oder die andere Determinante ist, muß wohl für jede Art und für jede Verhaltensweise getrennt beantwortet werden.

4.2 Schwellenerniedrigung und Leerlauf

Hohe Motivation senkt die Reizschwelle

Wird eine Instinkthandlung lange nicht ausgeführt, weil der passende Schlüsselreiz ausbleibt, so zeigt sich bald eine Verminderung der Reiz-Selektivität (Abb. 56). Die Reizschwelle kann so weit erniedrigt werden, daß schwache oder nicht adäquate Reize ein Verhalten auslösen. Das Ergebnis ist eine **Handlung am Ersatzobjekt**.

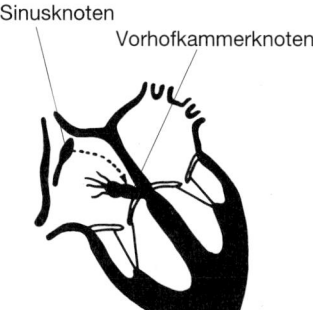

Sinusknoten
Vorhofkammerknoten

Abb. 50
Das Herz der Säugetiere arbeitet autonom. Es besitzt zwei Schrittmacher: Der Vorhofkammerknoten (Atrioventrikularknoten) löst die einzelnen Schläge der Herzkammern aus. Er wird seinerseits von Erregungen des Sinusknotens angetrieben.

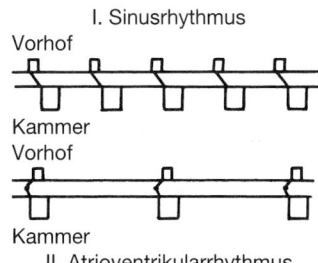

I. Sinusrhythmus
Vorhof

Kammer
Vorhof

Kammer
II. Atrioventrikularrhythmus

Abb.51
Im gesunden Herzen ist der Sinusknoten der Schrittmacher. Seine spezialisierten Muskelzellen erzeugen spontan rhythmische Erregungen (oben). Der Sinusknoten zwingt dem nachgeordneten Vorhofkammerknoten seinen Rhythmus auf.
Wenn der Sinusknoten ausfällt (unten), erzeugt der Vorhofkammerknoten selbständig rhythmische Erregungen.

„So hatte ich einen jung aufgezogenen Star, der, obwohl er nie in seinem Leben im Fluge eine Fliege gefangen hatte, doch das ganze dazugehörige Verhalten ausführte, aber ohne Fliege, auf Leerlauf. Der Star benahm sich dabei wie folgt: Er flog auf einen erhöhten Punkt, der ihm als Warte diente, [...]. Dort saß er und blickte ununterbrochen in die Höhe, als suchte er den Himmel nach fliegenden Insekten ab. Plötzlich zeigte dann sein ganzes Benehmen, daß er scheinbar ein solches entdeckt hatte. Er wurde lang und dünn, zielte in die Höhe, flog ab, schnappte nach etwas, kam auf seine Warte zurück, schlug die imaginäre Beute wiederholt gegen seinen Sitz und vollführte dann Schluckbewegungen. [...]"
KONRAD LORENZ

Abb. 52
Eine Katze sitzt auf dem Fensterbrett und entdeckt vor der Fensterscheibe einen Vogel. Sie starrt ihn an und zeigt das "Schnattern", eine dem Starrkrampf ähnliche Reaktion, bei der ihre Kiefer zittern und die Zähne klappern. Das Schnattern ist ein Tötungsbiß im **Leerlauf.**

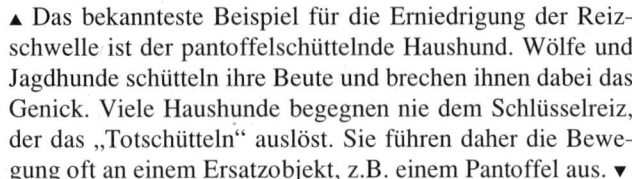

▲ Das bekannteste Beispiel für die Erniedrigung der Reizschwelle ist der pantoffelschüttelnde Haushund. Wölfe und Jagdhunde schütteln ihre Beute und brechen ihnen dabei das Genick. Viele Haushunde begegnen nie dem Schlüsselreiz, der das „Totschütteln" auslöst. Sie führen daher die Bewegung oft an einem Ersatzobjekt, z.B. einem Pantoffel aus. ▼

▲ Die Reizsituation, in der ein Hunderüde sein Hinterbein hebt, hängt stark vom Harndrang des Hundes ab. Bei geringer Füllung der Blase uriniert der Hund nur, wenn er im eigenen Territorium die Harnmarke eines fremden Rüden riecht. Bei stärkerer Füllung markiert er aufrechte Objekte. In allergrößter Not macht er sogar auf den Teppich, wobei er das Bein meist nicht hebt. ▼

Kreuzungen zwischen nahe verwandten Tierarten (z.B. Pferd und Zebra, Löwe und Tiger) werden fast alle dadurch erreicht, daß durch längeres Fernhalten adäquater Reizsituationen die Paarungsbereitschaft der Tiere erhöht wird.

Leerlaufhandlungen beginnen ohne Schlüsselreiz

Bleibt ein Schlüsselreiz sehr lange aus, so kann die Handlungsbereitschaft schließlich so weit ansteigen, daß eine Bewegungsfolge, die normalerweise durch einen Schlüsselreiz ausgelöst wird, ohne erkennbaren Außenreiz von selbst abläuft.

Wenn Außenreize ausbleiben, kann der innere Antrieb eine Verhaltensweise als **Leerlaufhandlung** aktivieren.

▲ Konrad Lorenz beobachtete die Leerlaufhandlung bei einem handaufgezogenen Star (Zitat von LORENZ). ▼

▲ Ein Webervogel vollführt im Käfig auch bei Abwesenheit von Nistmaterial die ganze Bewegungsfolge, die zum Festknüpfen eines Halmes an einem Zweig dient (Abb. 77): Nestbau im Leerlauf. ▼

▲ Beim Schnattern (Abb. 52) vollführt eine Katze ihren Tötungsbiß im Leerlauf: Beim Tötungsbiß schlägt sie mit einer schnellen schnatternden Bewegung der Kiefer die Reißzähne zwischen die Wirbel, um das Rückenmark zu durchtrennen. ▼

Die Bewegungsfolge einer Leerlaufhandlung gleicht bis in die kleinsten Einzelheiten derjenigen, die wir beim normalen, den biologischen Sinn erfüllenden Ablauf zu sehen bekommen.

4.3 Intentionsbewegungen

Intentionsbewegungen sind unvollständige Bewegungsfolgen

Manchmal zeigen Tiere eine Verhaltensweise nur ansatzweise; sie deuten gleichsam nur die Absicht an, eine Bewegung auszuführen; sie machen eine Absichtsbewegung.

▲ Vögel picken vor Beginn des Nestbaus oft nach Nistmaterial, halten es aber nicht im Schnabel fest. ▼

Eine Bewegungsfolge kann kurz nach ihrem Beginn wieder abgebrochen werden:

▲ Ein Vogel kann sich in tiefer Kniebeuge zum Ansprung ducken, dann mit erhobenen und ausgebreiteten Flügeln zum Stillstand kommen, sich wieder aufrichten, die Flügel falten und zu einer anderen Tätigkeit übergehen (Abb. 53). ▼

Intentionsbewegungen sind Instinkthandlungen, die nur angedeutet oder im Ablauf unterbrochen werden.

Andeutungs- oder Intentionsbewegungen sind ein Ausdruck der augenblicklichen Motivation. Sie können der Verständigung zwischen Artgenossen dienen, denn sie signalisieren die Stärke der Handlungsbereitschaft.

▲ Flugintentionsbewegungen (Abb. 53) können die Absicht zum Abflug signalisieren. ▼

▲ Eine Taube, die vor dem Auffliegen aus dem Schwarm eine Intentionsbewegung durchführt, beunruhigt die anderen Tauben nicht. Startet sie jedoch ohne Intentionsbewegung, so fliegt der ganze Schwarm los. ▼

Ein Dompteur erkennt an den Intentionsbewegungen seiner Tiere, wie stark Flucht- oder Angriffsbereitschaft aktiviert sind. Die Kunst der Raubtierdressur besteht darin, die Grenze zwischen Angriff und Flucht zu erkennen und durch Variation der Schlüsselreize das gewünschte Verhalten hervorzurufen.

Knicksen   Absprung

Abb. 53
Vor dem Abflug duckt sich der Vogel, richtet seinen Schwanz auf und zieht den Kopf zurück (Knicksen).
Dann streckt er die Beine, hebt den Vorderkörper und senkt den Schwanz (Absprung). Beide Bewegungen kann der Vogel mehrfach als Intentionsbewegung wiederholen, ohne wirklich abzufliegen.

4.4 Motivation und Reaktionsstärke

Die Motivationsanalyse mißt die Handlungsbereitschaft

Die Motivationsanalyse hat die Aufgabe, zu erforschen, welche Motivationen bei einem Tier vorkommen, wie sie zusammenwirken und welche Verhaltensweisen sie beeinflussen.

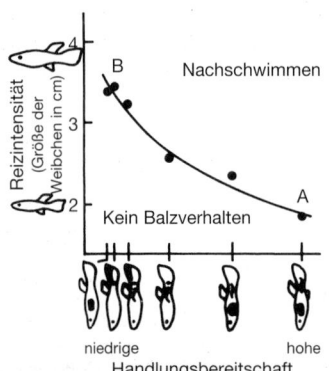

Abb. 54
Das Nachschwimmen männlicher Guppys wird durch eine bestimmte Balzbereitschaft (angezeigt durch die Färbung) und die Stärke des Schlüsselreizes (angezeigt durch die Größe des Weibchens) verursacht. Bei hoher Bereitschaft (A) löst schon ein kleines Weibchen das Nachschwimmen aus. Wo die Bereitschaft niedrig ist, führt nur ein starker Reiz (großes Weibchen) zur Reaktion (B).

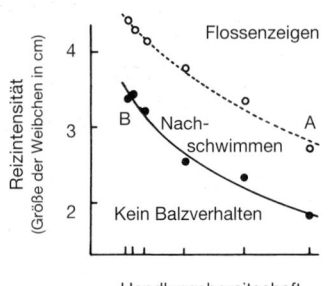

Abb. 55
Wenn Schlüsselreiz oder Motivation verstärkt werden, wird eine höhere Intensitätsstufe der Balz ausgelöst: das Flossenzeigen. Hoch motivierte Männchen zeigen 3 cm großen Weibchen schon die Flossen (A), während wenig motivierte diesen noch nicht einmal nachschwimmen (B).

Allerdings kann man die Motivation nicht unmittelbar messen. Manchmal kann ein geübter Tierbeobachter bestimmte Bereitschaftszustände am Aussehen und Verhalten eines Tieres ablesen: Lautäußerungen, Gerüche, besondere Bewegungen oder die Färbung können eine bestimmte Motivation verraten:
▲ Die Balzbereitschaft männlicher Guppys kann man an ihrer Färbung ablesen (Abb. 54, untere Reihe). ▼
Oft kann man die Bereitschaft nur indirekt erschließen. Sie äußert sich in einer Erniedrigung der Reizschwelle für bestimmte Schlüsselreize und durch besondere Häufigkeit oder Stärke einer Verhaltensweise.
▲ Guppy-Männchen mit hoher Handlungsbereitschaft lassen sich daran erkennen, daß sie auch kleinen Weibchen nachschwimmen (Abb. 54; A). ▼

Bereitschaft und Schlüsselreiz können sich ergänzen

Die Auslösbarkeit von Erbkoordinationen hängt sowohl von der Handlungsbereitschaft als auch von der Qualität der auslösenden Reize ab. Meist wird auch die **Intensität** (das Ausmaß oder die Häufigkeit) der Bewegung durch diese beiden Größen bestimmt. Nach dem **Prinzip der doppelten Quantifizierung** wird dieselbe Bewegung das eine Mal durch hohe Handlungsbereitschaft und schwache Reizwirkung, das andere Mal durch geringe Bereitschaft und starke Außenreize hervorgerufen.

> Die Stärke einer Instinkthandlung ergibt sich aus der Reizstärke und der Höhe der Handlungsbereitschaft.

▲ Die Reaktionen „Nachschwimmen" und „Flossenzeigen" werden bei Guppys durch den gleichen Schlüsselreiz – den Anblick eines Weibchens – ausgelöst. Je größer die Attrappe, desto höher ist ihre auslösende Wirkung Die Reizschwelle für das Flossenzeigen ist dabei höher als die für das Nachschwimmen.
Im Versuch wurden unterschiedlich motivierte Männchen verschiedene Weibchen-Attrappen angeboten. (Abb. 55). ▼
▲ Ganz verschiedene Attrappen lösen das Beutefangverhalten hungriger Kröten aus. Sehr hungrige Kröten wenden sich sogar Quadraten und Antiwurmattrappen zu. Je geringer der Hunger ist, desto selektiver wird die Reaktion. Satte Tiere reagieren selbst auf Wurmattrappen nur noch selten, auf die

anderen gar nicht mehr mit Beutefangverhalten (Abb. 56). ▼
Bereitschaft und Außenreize können sich wechselseitig verstärken und teilweise ersetzen. So kann eine hohe Qualität des auslösenden Reizes die mangelnde Handlungsbereitschaft teilweise ausgleichen. Dies gilt allerdings nur in gewissen Grenzen. Geht die Bereitschaft gegen Null, so bleiben Außenreize unwirksam.

Das hydraulische Instinktmodell veranschaulicht das Zusammenspiel von Reiz und Motivation

Das von KONRAD LORENZ entwickelte „psychohydraulische Instinktmodell" (Abb. 57 und 59) zeigt bildhaft, wie Schlüsselreiz und Handlungsbereitschaft im Zusammenwirken die Stärke einer Instinkthandlung bestimmen:

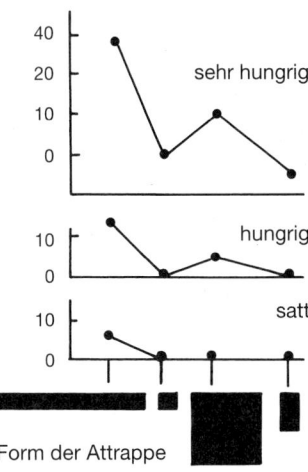

Form der Attrappe

Abb. 56
Hungrige Kröten reagieren auch auf schwache Schlüsselreize, selbst die „Antiwurm"- Form (rechts) ruft noch Zuwendungen hervor. Satte Kröten dagegen wenden sich selbst der Wurmform (links) nur selten zu.

Modell:	Deutung:
Ein Tank ist teilweise mit Wasser gefüllt. Der **Wasserspiegel** hat zu jeder Zeit eine bestimmte Höhe.	Ein Tier hat für jede Instinkthandlung eine bestimmte Antriebsenergie oder **Handlungsbereitschaft**.
Von oben tropft fortwährend Wasser zu.	Die Handlungsbereitschaft wird ständig aufgeladen.
Ein **Ventil** verhindert das kontinuierliche Ausfließen des Wassers.	Der **Auslösemechanismus** (AM) blockiert jedoch die Instinkthandlung.
Wirkt eine **Kraft** auf das Ventil, so schießt ein **Wasserstrahl** aus dem Ausfluß.	Ein zum AM passender **Schlüsselreiz** löst die **Instinkthandlung** aus.
Ist der Wasserstand sehr hoch, so wird der Druck des Wassers so groß, daß schon bei geringem oder **ohne Zug am Ventil** Wasser ausläuft.	Wenn die Handlungsbereitschaft sehr groß wird, kann die Handlung schon durch Ersatzobjekte ausgelöst werden oder im **Leerlauf** ablaufen.
Je höher der Wasserstand, desto geringer ist die Kraft, die man aufwenden muß, um das Ventil zu öffnen.	Je höher die Bereitschaft, desto schwächer kann der auslösende Reiz sein: Prinzip der doppelten Quantifizierung.
Jedesmal wenn Wasser ausgelaufen ist, ist der Wasserstand im Faß niedriger als vorher. Es dauert einige Zeit, bis seine Ausgangshöhe wieder hergestellt ist.	Nach jeder Ausführung einer Instinkthandlung ist die Handlungsbereitschaft zu dieser Bewegung geringer als vorher: **Reaktionsspezifische Ermüdung**.

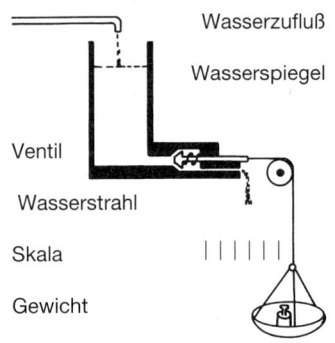

Abb. 57
Das hydraulische Instinktmodell von KONRAD LORENZ in seiner ursprünglichen Fassung. Natürlich gibt es im Gehirn kein Reservoir, das mit Handlungsbereitschaft gefüllt wäre. Das Nervensystem arbeitet nicht mit Substanzen, sondern mit Signalen. Trotzdem macht das Modell wichtige Aussagen über Prinzipien, nach denen Instinkthandlungen ablaufen.

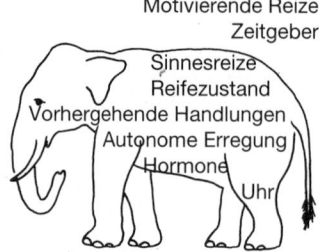

Abb. 58
Motivierende Faktoren liegen zum Teil innerhalb des Lebewesens, zum Teil in seiner Umwelt.

Die Modellvorstellung trifft auf Verhaltensbereiche wie Hunger, teilweise auch auf das Sexualverhalten zu. Meist jedoch sind die Zusammenhänge komplexer, vor allem bei Tieren mit hochentwickeltem Gehirn. Viele Autoren lehnen das Modell vor allem deswegen ab, weil die Gefahr einer unangemessenen Übertragung auf andere Bereiche tierischen und menschlichen Verhaltens – zum Beispiel auf das Aggressionsverhalten (S. 126 ff.) – besteht.

4.5 Motivierende Faktoren

Äußere und innere Faktoren beeinflussen die Bereitschaft

Handlungsbereitschaften schwanken in ihrer Stärke. Die **Ursachen** dieser Schwankungen nennt man **motivierende Faktoren**:

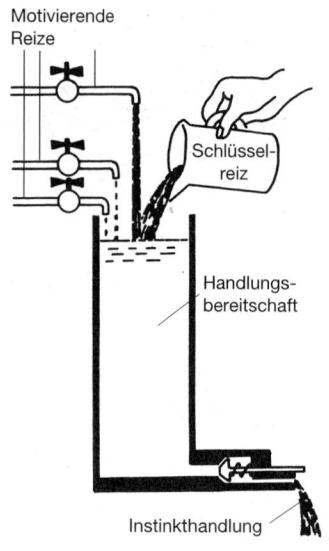

Abb. 59
Das abgewandelte Instinktmodell von K. LORENZ weist den motivierenden Reizen eine wichtigere Rolle zu als das ursprüngliche Modell (S. 43). Die motivierenden Reize steigern die Handlungsbereitschaft. Der Schlüsselreiz wirkt ähnlich wie motivierende Reize, aber schneller und stärker.

1. **Sinnesreize aus dem eigenen Körper** [proprorezeptive Rückmeldungen] melden den Versorgungszustand des Körpers mit Nahrung, Wasser oder Salz und können dadurch Handlungsbereitschaften verändern (S. 45).
2. **Hormone** aktivieren die Handlungsbereitschaft. Die Wirkung der *Hormone* auf die Motivation ist beim Fortpflanzungsverhalten besonders gut untersucht worden und wird in Kapitel 8 behandelt (S. 109-111).
3. Viele Handlungsbereitschaften treten rhythmisch – periodisch auf. So steuern **innere Uhren** (S. 45) Aktivitätsphasen im Tag-Nacht-Rhythmus.
4. Der **Entwicklungs- und Reifezustand** eines Tieres (S. 45). Handlungsbereitschaften wechseln im Laufe der Entwicklung eines Individuums.
5. Häufig bestimmt der zeitliche Abstand einer Bewegung zu ihrer letzten Ausführung die Auslösbarkeit einer Reaktion (S. 46). Je länger eine **vorangegangene Handlung** zurückliegt, desto leichter ist sie auslösbar.
6. **Autonome Erregungsproduktion** im Zentralnervensystem, vor allem im Gehirn (S. 38) erhöht die Handlungsbereitschaft.
7. **Motivierende Sinnesreize** (S. 47) lösen – im Gegensatz zu Schlüsselreizen – nicht unmittelbar eine Reaktion aus, verändern aber die Handlungsbereitschaft.

Die Handlungsbereitschaft hängt vom Versorgungszustand ab

Der Zusammenhang zwischen Versorgung des Körpers mit Nahrung und der Bereitschaft, zu essen oder zu trinken, ist für jeden selbstverständlich.

▲ Menschen hören dann auf zu essen, wenn sie satt sind, nicht wenn sie sich die errechnete Zahl an Kalorien zugeführt haben. ▼

Osmorezeptoren im Zwischenhirn messen die Salzkonzentration des Blutes und lösen bei hohen Konzentrationen Durst aus.

▲ Injiziert man Wasser in die Venen eines Hundes oder füllt man seinen Magen mit Wasser, so trinkt er nur noch wenig. ▼

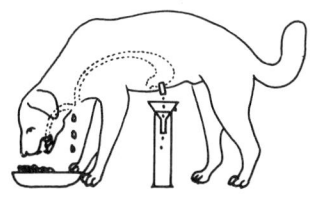

Abb. 60
Einem Hund kann die Speiseröhre oder der Magen durch eine Fistel geöffnet werden. Obwohl die Nahrung gar nicht bis zum Magen gelangt, hört er nach einiger Zeit auf zu fressen.

Handlungsbereitschaften schwanken periodisch

Viele Handlungsbereitschaften von Säugetieren und Vögeln zeigen deutliche tageszeitliche Schwankungen.

▲ Viele Menschen werden jeden Tag zur gleichen Zeit wach. ▼

Auch in anderen Zeitabständen, von Minuten bis zu Jahren, gibt es Verhaltensrhythmen, die sich regelmäßig wiederholen.

▲ Amseln tragen ihre häufigste Gesangstrophe in recht konstanten Abständen von etwa einer Minute vor. ▼

▲ Ein Säugling hat in den ersten Lebenswochen einen Aufwachrhythmus von etwa vier Stunden. ▼

Offensichtlich gibt es im Gehirn Strukturen, die den Ablauf der Zeit messen. Man bezeichnet diese als **innere Uhren**. Sie behalten ihren Takt auch dann bei, wenn man Tiere von allen Außenreizen abschirmt, die ihnen die Tages- oder Jahreszeit signalisieren könnten.

Abb. 61
Ein frisch geschlüpfter Kuckuck - noch nackt und blind - wirft ein Ei seiner Pflegeeltern aus dem Nest. Er schiebt sich seitlich unter das Ei und klettert mit der Last auf dem Rücken die Nestwand hoch.

Die Handlungsbereitschaft ändert sich bei der Reifung

Viele Bereitschaften treten nur in bestimmten Lebensphasen auf. Mit der Reifung verschwinden sie, andere treten neu auf.

▲ In den ersten Tagen nach ihrer Geburt suchen Gazellen-Kitze unmittelbar nach dem Saugen ein Versteck im Gras. Dort bleiben sie reglos liegen. Wenige Tage nach der Geburt reift die Fluchtreaktion. Von nun an ergreifen die Kitze bei Gefahr zusammen mit der Herde die Flucht. ▼

▲ Ein Kuckuck, der im Nest seiner Pflegeeltern aus dem Ei schlüpft, beginnt sofort, die übrigen Eier und Jungvögel über den Nestrand zu werfen (Abb. 61). Schlüsselreiz für diese

Handlung ist ein Berührungsreiz auf dem Rücken. Er wirkt jedoch nur in den ersten Tagen nach dem Schlüpfen. Später reagiert der Kuckuck nicht mehr auf ins Nest gelegte Eier. ▾

Handeln wirkt auf die Verhaltensbereitschaft zurück

Eine Instinkthandlung kann nicht unbegrenzt oft hintereinander ausgeführt werden. Ist eine Erbkoordination abgelaufen, so ist danach der Antrieb, dieses Verhalten erneut durchzuführen, deutlich geringer. Das rührt nicht nur daher, daß die Handlung einen Versorgungsmangel behoben hat. Die Instinkthandlung selbst hat einen abschwächenden Einfluß auf die Handlungsbereitschaft; sie wirkt – im Bild des hydraulischen Instinktmodells (Abb. 57 und 59) – als „**antriebsverzehrende Endhandlung**".

▲ Hunde, deren Speiseröhre mit einer Öffnung versehen wurde, durch die das getrunkene Wasser abrinnt (Abb. 60), trinken nicht unaufhörlich. Sie hören nach der gleichen Zahl von Schluckbewegungen auf, gleichgültig ob das Wasser den Magen erreicht oder nicht. Es ist also die ausgeführte Handlung, nicht die Füllung des Magens, die auf die Motivation zurückwirkt. ▾

Diese Rückmeldung hat eine wichtige biologische Bedeutung: Wenn ein Lebewesen gerade gegessen hat, ist der Mangelzustand im Körper noch nicht ausgeglichen. Erst wenn die Nahrung verdaut und resorbiert ist, können die Rezeptoren im Gehirn ansprechen. Eine Vorwegmeldung der Nahrungsaufnahme ist wichtig, damit die aufgenommene Menge nicht zu groß wird.

▲ Wenn Säuglinge eine bestimmte Milchmenge saugend aufgenommen haben, schlafen sie befriedigt ein. Hat der Sauger jedoch eine zu große Öffnung, so daß sie die gleiche Menge sehr schnell trinken, bleiben sie unbefriedigt, saugen im Leerlauf weiter und beginnen zu schreien. ▾

▲ Die Bereitschaft zur Balz bei Springspinnen sinkt nach einer Paarung auf Null und steigt dann allmählich wieder an (Abb. 62).▾

Umgekehrt sind Verhaltensweisen, die lange nicht ausgeführt wurden, leichter auslösbar. Das Instinktmodell (Abb. 57 und 59) erklärt dies anschaulich durch einen Wasserstau, daher spricht man oft von einem „**Antriebsstau**".

▲ Springspinnen-Männchen, die sich lange Zeit nicht paaren konnten, balzen vor Attrappen besonders lange (Abb. 62). ▾

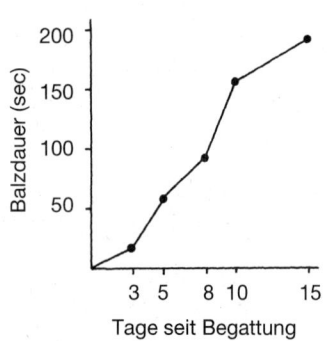

Abb. 62
Ein Springspinnen-Männchen balzt unmittelbar nach einer Paarung überhaupt nicht. Nach drei Tagen balzt es 15 sec. vor einer Weibchen-Attrappe, nach fünf Tagen 60 sec. lang. Die Dauer der Balz vor der Attrappe ist ein Maß für die sexuelle Handlungsbereitschaft.

Motivierende Reize erhöhen die Handlungsbereitschaft

Die Reaktionsbereitschaft kann auch durch Sinnesreize verändert werden. Motivierende Reize wirken im Gegensatz zu Schlüsselreizen nicht unmittelbar auslösend. Sie erhöhen vielmehr eine länger andauernde Bereitschaft, auf einen folgenden Schlüsselreiz zu reagieren.

▲ Wenn eine Kaffernbüffelherde die Witterung eines Raubtieres wahrnimmt, werden die Tiere unruhig. Wenn aber kein Feind auftaucht, so geraten die Bullen oft in aufsehenerregenden Kämpfen aneinander. ▼

> Außenreize, die die Handlungsbereitschaft erhöhen, bezeichnet man als antriebssteigernde oder **motivierende Reize.**

Besonders deutlich kann man bei der Fluchtreaktion motivierende Reize von auslösenden Reizen unterscheiden:

▲ Eine Schar von Spatzen, die sich auf einem offenen Platz zum Fressen eingefunden hat, wird in regelmäßigen Abständen von Panik ergriffen, flieht ins nächste Gebüsch, um gleich darauf wieder zurückzukehren. Der Mangel an Deckung steigert die Fluchtbereitschaft so stark, daß die Flucht im Leerlauf erfolgt. ▼

4.6 Appetenz und Endhandlung

Tiere suchen nach dem Schlüsselreiz

Das Tier braucht nicht auf eine zufällige Begegnung mit dem Schlüsselreiz zu warten. Es kann aktiv nach diesem suchen, und damit eine Begegnung wahrscheinlicher machen (Abb. 63). Wenn natürliche Umweltreize fehlen, zeigen Tiere eine allgemeine Unruhe. Sie laufen suchend in ihrem Wohngebiet umher. Sobald ein bestimmter Schlüsselreiz gefunden ist, der eine Erbkoordination auslöst, wird die Suche abgebrochen. Dieses Suchverhalten wird als Appetenzverhalten bezeichnet.

> Die Suche nach dem Schlüsselreiz bezeichnet man als **Appetenzverhalten.**

Der Tiger sucht nach einer Beute: **ungerichtete Appetenz.**

Er hat einen Beutereiz wahrgenommen, nähert sich gezielt …

… und schleicht sich an: **gerichtete Appetenz.**

Das Jagen ist **Endhandlung** des Jagdverhaltens und gleichzeitig Appetenzverhalten für …

… die Nahrungsaufnahme.

Abb. 63
Beim Jagdverhalten des Tigers ist das Anschleichen Appetenz für den Sprung, dieser gehört zur Appetenz des Tötens. Wenn der Tiger seine Beute erlegt, so ist dies die Endhandlung des Jagdverhaltens. Gleichzeitig ist es das Appetenzverhalten für die nächste Auslösesituation: das Fressen.

Das Appetenzverhalten beginnt ohne äußeren Reiz. Es wird allein durch die entsprechende Handlungsbereitschaft in Gang gesetzt. Ziel der Appetenz ist die Begegnung mit dem Schlüsselreiz und damit die Ausführung der **Endhandlung**.

▲ Ein besonders schön zu beobachtendes Appetenzverhalten ist der Netzbau der Kreuzspinne. Das Spinnennetz ist ein „eingefrorenes Appetenzverhalten". Es schafft die Voraussetzung für die spätere Endhandlung: den Beutefang. ▼

Im Gegensatz zur meist recht starren Erbkoordination ist das Appetenzverhalten recht variabel. Es ist an die jeweilige Situation angepaßt und kann Reflexe, Instinktbewegungen, erlernte und sogar einsichtige Verhaltensweisen enthalten.

Instinkthandlungen lassen sich in drei Phasen einteilen

Viele Verhaltensweisen können in drei zeitlich aufeinanderfolgende Bewegungsphasen unterteilt werden (Abb. 63):

1. Das **orientierende Appetenzverhalten** geht vor sich, solange noch keine auslösende Reizsituation, kein Schlüsselreiz gefunden ist. Die Bedeutung dieser Suchphase liegt darin, die Begegnung mit einem Schlüsselreiz herbeizuführen.
   ▲ Ein hungriger Tiger durchstreift sein Jagdrevier. ▼
   ▲ Ein jagender Hecht bezieht eine Warteposition. ▼
   ▲ Das Grillenmännchen zirpt und wartet auf ein Weibchen.▼
2. Sobald die auslösende Reizsituation ausgemacht und erkannt ist, beginnt der zweite Abschnitt, das **gerichtete Appetenzverhalten**. Das Tier entscheidet, ob es auf den Reiz antwortet. Die auslösenden Reize sind gleichzeitig richtende Reize für die gezielte Annäherung.
3. Wenn das Tier sein Ziel erreicht hat, folgt als Antwort auf den Schlüsselreiz die **Endhandlung**: eine Erbkoordination, eine Instinkthandlung oder eine Handlungskette. Die Endhandlung beendet das Appetenzverhalten.

Alle drei Abschnitte sind von derselben Handlungsbereitschaft, aber von unterschiedlichen Reizen abhängig. Allerdings lassen sich nicht alle Verhaltensweisen in die drei Phasen untergliedern. Appetenzverhalten tritt auch isoliert auf:

▲ Der Vogelzug ist gerichtetes Appetenzverhalten zu einer bestimmten Region, sein Ziel ist mit der Ankunft erreicht. ▼

Dieselbe Bewegung kann Endhandlung für ein vorangegangenes Appetenzverhalten sein und gleichzeitig das Appetenzverhalten für die nächste Verhaltensweise darstellen (Abb. 63).

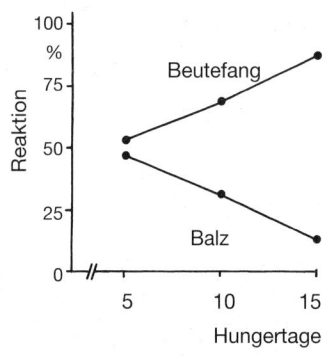

Abb. 64
Ein Springspinnen-Männchen reagiert auf dieselbe Attrappe, wenn es satt ist mit Balzverhalten, wenn es hungrig ist mit Beutefanghandlungen. Es zeigt jedoch nie ein gemischtes Verhalten.

4.7 Verhaltenskonflikte

Unterschiedliche Bereitschaften führen zum Konflikt

Wenn mehrere Handlungsbereitschaften gleichzeitig auftreten, kommt es zu Konfliktsituationen. So können sich bei Vögeln Aktivitäten des Brütens und Nestbauens überlagern. Es gibt verschiedene Möglichkeiten, solche Konflikte zu meistern:

1. Zwei verschiedene Verhaltensweisen treten **abwechselnd** auf (Abb. 64). Aus dem Nebeneinander mehrerer Verhaltenstendenzen wird ein Nacheinander der Verhaltensweisen. Manchmal „pendelt" ein Tier zwischen verschiedenen Handlungen.
2. Die Handlungsbereitschaften **überlagern** sich.
   ▲ Drohbewegungen (Abb. 65) entstehen aus der Überlagerung von Flucht und Angriff. ▼
3. Die Handlungsbereitschaft mit der stärkeren Motivation kann die andere **unterdrücken** (Abb. 64).
   ▲ Bei heftig kämpfenden Amseln ist das Fluchtverhalten gehemmt, sie lassen Menschen auf wenige Meter herankommen. ▼
   Meist jedoch hemmt das Fluchtverhalten alle anderen Verhaltenssysteme. Das ist besonders verhängnisvoll, wenn Menschenmassen in Panik geraten.
4. Bei unvollkommener Hemmung treten Verhaltensweisen in geringer Intensität auf: **Intentionsbewegungen** (S. 41).
5. Bei gegenseitiger Hemmung zweier Verhaltensweisen können schließlich beide zugunsten einer dritten Bewegung blockiert werden: **Übersprunghandlung** (S. 50).
6. Wenn ein Objekt gleichzeitig Angriff und Flucht signalisiert, so kann der Angriff auf ein neues Ziel umgelenkt werden: **umorientierte Bewegungen**.

Die Bewegungsrichtung kann umorientiert werden

Wird ein Tier zu einer Verhaltensweise gereizt, aber an deren Ausführung gehindert, so kann das Verhalten auf ein anderes, manchmal völlig ungeeignetes Objekt umgelenkt werden. Eine solche **Umorientierung** kommt häufig im Kampfverhalten vor. Die Erbkoordination läuft dabei normal ab, die Taxis ist jedoch auf ein neues Ziel gerichtet, das Ausweich- oder Ersatzobjekt (Abb. 66-68).

Handlungsbereitschaft zu …

… Flucht überwiegt. … Angriff überwiegt.

… Angriff und Flucht ausgeglichen

Abb. 65
Die Lachmöwe zeigt unterschiedliche Drohhaltungen, je nachdem, ob die Fluchttendenz (weißer Balken) oder die Angriffstendenz (schwarzer Balken) vorherrscht.

Abb. 66
Schimpansen orientieren ihre Aggression auf Ausweichobjekte um.

Abb.67
Die Amsel orientiert ihre Bewegung auf ein Ausweichobjekt um: sie pickt nach einem Blatt statt nach dem Rivalen.

▲ Von einem ranghöheren Tier angegriffene Affen verhalten sich oft aggressiv gegenüber einem rangtieferen Tier. Auch bei Menschen ist diese Radfahrer-Reaktion („nach oben buckeln, nach unten treten") nicht selten zu beobachten. ▼
Auch begonnene Bewegungen werden manchmal umorientiert:
▲ Rennt ein Nashorn auf einen Gegner zu, der sich beim Näherkommen als gefährlich erweist, so attackiert es stattdessen einen Termitenbau. ▼

> Eine **umorientierte Bewegung** ist eine Instinkthandlung, die sich auf ein Ausweichobjekt richtet.

Übersprungbewegungen treten bei Konflikten auf

Befindet sich ein Tier in einem starken Konflikt zwischen zwei widerstreitenden, miteinander unvereinbaren Verhaltensweisen, zeigt es oft eine völlig unerwartete Verhaltensweise, die überhaupt nicht zur Situation paßt: eine Übersprungbewegung (Abb. 69 und 70).
Übersprunghandlungen sind artspezifische Bewegungen, die

Abb. 68
Die unterlegene Silbermöwe richtet den Schnabelhieb auf ein Grasbüschel.

– dann auftreten, wenn eine aktivierte Handlungsbereitschaft daran gehindert wird, sich zu entladen; das ist oft in Kampfsituationen der Fall;
– nichts mit der auslösenden Situation zu tun haben, vielmehr in Situationen auftreten, in denen sie sinnlos erscheinen und
– außerhalb ihres normalen Zusammenhangs auftreten. Ein Tier wendet sich dabei vom gerade durchgeführten Verhalten ab und einer Handlung zu, die in keinem biologischen Zusammenhang mit dem vorher gezeigten Verhalten steht. Übersprungbewegungen sind häufig Freß- oder Putzhandlungen („Übersprungpicken", „Übersprungputzen").

> Übersprunghandlungen treten in Konfliktsituationen zwischen zwei verschiedenen Verhaltensweisen auf. Sie gehören einem dritten Verhaltensbereich an.

Abb. 69
Zwei Hähne bedrohen einander ohne den Kampf zu eröffnen. Plötzlich pickt einer der beiden, nach nicht vorhandenen Körnern.

Auch bei Menschen stammen Übersprunghandlungen bevorzugt aus dem Bereich der Körperpflege und des Schlafens. Auch erlernte Verhaltensweisen können im Übersprung auftreten.

▲ Frauen richten ihre Frisur, Männer (auch rasierte) streichen am Bart; man kratzt sich am Kopf oder gähnt, spielt mit Schreibzeug, der Halskette oder Schlüsseln oder steckt sich eine Zigarette an. ▼

Übersprungbewegungen werden unterschiedlich gedeutet

Die Häufigkeit des Auftretens solcher unerwarteter und anscheinend irrelevanter Verhaltensaktivitäten war den Ethologen lange Zeit ein großes Rätsel. Es gibt daher eine ganze Reihe von Erklärungen für diese Verhaltensweise:

1. **Übersprunghypothese**: Übersprunghandlungen werden nicht durch eine eigene Bereitschaft veranlaßt, sondern durch „Überspringen" der Energie eines unterdrückten Triebs. Hemmen zwei Verhaltenstendenzen (z.B. Flucht und Angriff) einander gegenseitig, so springt die Erregung auf eine dritte Bahn über. Sie löst eine Verhaltensweise aus, die einem ganz anderen Verhaltensbereich (z.B. dem Freßverhalten) zugehört.

Abb. 70
Ein kämpfender Avosettschnäbler nimmt plötzlich seine Schlafstellung ein.

2. **Enthemmungshypothese**: Zwei gleich starke Verhaltenstendenzen (z.B. Flucht und Angriff) hemmen sich gegenseitig. Eine dritte, ursprünglich blockierte Verhaltensweise kommt jetzt zum Durchbruch, nach dem Prinzip „Wenn zwei sich streiten, freut sich der Dritte". Für die Enthemmungshypothese spricht die Beobachtung, daß Übersprungbewegungen entweder den Verhaltenskreisen entspringen, für die immer eine gewisse Bereitschaft da ist (Nahrungsaufnahme oder Körperpflege) oder solchen, für die augenblicklich eine erhöhte Handlungsbereitschaft vorhanden ist: Übersprungpicken (Abb. 69) bei hungrigen Hähnen, Nestbau- und Brutpflegehandlungen während der Fortpflanzungszeit.

5 Verhaltensprogramme

5.1 Angeboren oder erlernt?

Behavioristen und Ethologen setzen andere Schwerpunkte

„Der Gedanke, daß Gene das Verhalten bestimmen, ist naiv, weil diese unmöglich detaillierte Anweisungen für bestimmte Verhaltensaspekte beinhalten können."
DAVID MCFARLAND

Wie ein roter Faden zieht durch die Geschichte der Verhaltenskunde die Frage, ob die Verhaltensweisen der Tiere ererbt oder erlernt seien. Die Verhaltensforschung der letzten Jahrzehnte war von zwei Forschungsansätzen bestimmt, die sich gegenseitig kaum verstanden. Die in Amerika gewachsene Richtung, der **Behaviorismus**, hat sich aus der Psychologie entwickelt. Für Behavioristen steht das Lernen im Zentrum des Interesses. Sie behaupten, daß alle Verhaltensweisen erlernt werden. Die Aussage, es gäbe angeborene Verhaltensweisen, halten sie für naiv und verwirrend (Zitate von MCFARLAND und WATSON). In Europa ging die **Ethologie** aus der Zoologie hervor. Ethologen vertreten den Standpunkt, wesentliche Teile des Verhaltens seien angeboren (Zitate von LORENZ). Häufig haben soziale, politische und weltanschauliche Beweggründe die Diskussion beeinflußt.

„Die Tatsachenbasis, die uns die Evolution zur Gewißheit werden läßt, beweist mit ihrer ganzen Wucht, daß der Mechanismus sehr vieler Verhaltensmuster bis in kleinste Einzelheiten in der Phylogenese entstanden und somit im Genom programmiert ist, um kein Haar anders als morphologische Charaktere."
KONRAD LORENZ

Für die Ethologen ist klar, daß nicht das Verhalten als solches, sondern das ihr zugrunde liegende Programm im Gehirn angeboren ist (im Vergleich: nicht das Gebäude, sondern der Bauplan). Das Wort „erlernt" bezieht sich dagegen auf die Verhaltensweise als solche. Die Begriffe „angeboren" und „erlernt" sind also keine exakten Gegensätze, sie sind nicht durch den Ausschluß des jeweils anderen definiert, sondern durch die Quelle und den Speicher der Information.

Es gibt zwei Informationsspeicher

„Es geht seit der Entdeckung der vererbten Programme darum, daß sie mancher nicht wahrhaben will; einmal weil der programmierte Mensch ihm unheimlich erscheint und weil es sich erweisen könnte, daß Menschen verschieden programmiert sind; zum anderen weil man, wie SKINNER es für angebracht hält, die Menschen selbst programmieren möchte."
KONRAD LORENZ

Das Verhalten der Organismen ist bis in die feinsten Einzelheiten an ihre Umwelt angepaßt. Voraussetzung angepaßten Verhaltens ist, daß Lebewesen Information über ihre Umwelt aufgenommen und gespeichert haben. Wir kennen zwei Möglichkeiten, wo dies geschieht: im *Genom* und im Gedächtnis. Alles tierische und menschliche Verhalten verdankt seine

Form und seine Anpassung einem dieser beiden Informations-speicher, meist aber beiden gemeinsam.

Menschen und Tiere kön-nen Sinnesreize und Erfah-rungen, die sie im Laufe ih-res Lebens gemacht haben, als Gedächtnisspuren oder **Engramme** in ihrem Zen-tralnervensystem speichern. In ihrer Gesamtheit bilden sie das **Gedächtnis**.

Das **Gedächtnis** wird im Lauf des einzelnen Lebens erworben und erlischt mit diesem. Ein Lernvorgang kann sehr schnell, manch-mal in wenigen Sekunden vonstatten gehen.

Jedes Lebewesen erhält Erbanlagen von seinen El-tern. Die **Erbanlagen** oder *Gene* sind im Kern jeder Zelle in Form von DNS (Desoxyribonukleinsäure) gespeichert. Zusammen bil-den sie das **Genom** oder das „Art-Gedächtnis".

Das **Genom** wird in der Stammesgeschichte (Phylo-genese) verändert und durch natürliche Auslese (Selekti-on) an seine Funktion ange-paßt. Diese Anpassung ver-läuft sehr langsam im Lauf vieler Generationen.

Die Vorgänge der Speicherung in *Genom* und Gedächtnis sind einander in so vielen Punkten analog, daß auch die Ergebnisse oft zum Verwechseln ähnlich sind.

Die Lernfähigkeit ist genetisch festgelegt

Erlerntes wird häufig als das Gegenteil von Ererbtem angese-hen, beruht es doch auf individueller Erfahrung, während das Ererbte durch die Erbinformation vorgegeben wird. Eine scharfe Trennlinie zwischen angeborenen und erlernten Verhaltensweisen läßt sich jedoch nicht ziehen. Was ein Tier lernen kann, ist durch das genetische Programm weitgehend vorgegeben.

▲ Buchfinken müssen ihr arttypisches Lied lernen (Abb. 71). Aber sie haben die Fähigkeit geerbt, ihren arteigenen Gesang zu erkennen und ihn nachzuahmen. Ein junger Buchfink, den man die Lieder verschiedener Vogelarten hören läßt, lernt nur den Schlag der Finken, so als hätte er eine innere Vorlage dessen, was er lernen muß. Nie kann einem Buchfinken der volle Gesang eines Wiesenpipers beigebracht werden. ▼

> Die durch Erbanlagen festgelegte Lernfähigkeit bezeich-net man als **Lerndisposition**.

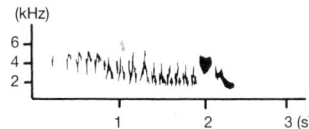

Isoliert aufgezogene Buchfin-ken können singen, beherrschen jedoch nicht den ...

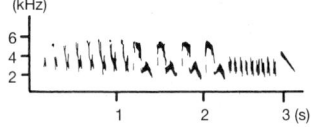

... vollen **Schlag der Buchfinken**. Diesen müssen sie durch Nach-ahmung ihrer Eltern lernen.

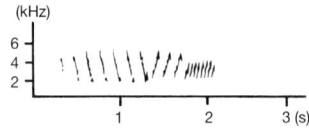

Wenn Buchfinken von **Wiesenpi-pern** aufgezogen werden ...

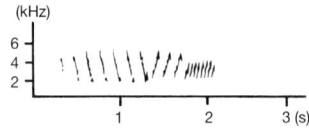

so **imitieren** sie deren Lied teil-weise , können es aber nie voll-ständig lernen.

Abb. 71
Klangspektogramme
Buchfinken haben eine
Lerndisposition für den Gesang
der Buchfinken.

Allgemein kann kein Verhalten erlernt werden, das nicht innerhalb einer genetisch vorgegebenen Reaktionsnorm liegt. Tiere sind vorprogrammiert, bestimmte Dinge in einer festgelegten Zeit auf eine bestimmte Weise zu erlernen. Ob, und in welchem Alter gelernt werden kann, ist erblich festgelegt.

▲ Drosseln tragen Schnecken zu einem Stein, den sie als Amboß benutzen, um die Schneckenhäuser zu zerschmettern. Jungdrosseln können dieses Verhalten in einem bestimmten Alter lernen. Das Verhalten bleibt aus, wenn die sensible Phase versäumt wird. Amseln fehlt eine entsprechende Lerndisposition. Auch sie verzehren gerne Schnecken, können aber ein Schneckenhaus nicht aufbrechen; es ist auch noch nicht gelungen, sie auf dieses Verhalten zu dressieren. Manche Amseln lernen aber, das Geräusch einer zerbrechenden Schale zu erkennen. Sie vertreiben die Singdrossel und nehmen ihr die Schnecke ab. ▼

Dabei ist die Lerndisposition auf die Anforderungen des Lebensraumes und seiner Mitbewohner zugeschnitten (Abb. 72).

▲ Lummen sind Seevögel, die keine Nester bauen. Sie lernen sehr schnell, ihre eigenen Eier zu erkennen. Möwen dagegen verwechseln ihre Eier sogar mit Kartoffeln, wenn diese in ihrem Nest liegen. Sie lernen schnell, ihr eigenes Nest zu erkennen und wieder zu finden. ▼

> Die Lerndisposition bestimmt, **wann** gelernt wird, **was** gelernt wird und **wie** gelernt wird.

Entsprechendes gilt für die Sprache des Menschen: Das Sprechvermögen ist genetisch angelegt. Einzelheiten der Sprache müssen individuell gelernt werden.

5.2 Geschlossene und offene Programme

Verhaltensprogramme können offen oder geschlossen sein

Heute sind sich die meisten Verhaltensbiologen einig, daß die Vererbung sämtliche Aspekte des Verhaltens beeinflußt. Alle Verhaltensweisen gehen auf **genetische Programme** zurück. Diese Programme können geschlossen oder offen strukturiert sein:

Geschlossene Programme sind vollständig in den *Genen* festgelegt. Beim Übersetzen des genetischen Programms in das Verhaltensprogramm im *Zentralnervensystem* erlauben sie keine Veränderungen. Ihnen kann durch Erfahrung nichts zugefügt werden. Verhaltensweisen, die sich ganz überwiegend durch die von Genen gesteuerte Entwicklung ausbilden, nennt man genetisch bedingt, instinktiv oder **angeboren**.

Offene Programme sehen die Aufnahme zusätzlicher Information vor. Die durch individuelle Erfahrung gewonnene Information wird jedoch nicht dem genetischen Programm hinzugefügt, sondern dem Verhaltensprogramm im Gehirn. Verhaltensweisen, deren Ablauf durch frühere individuelle Erfahrungen beeinflußt und abgewandelt wurden, bezeichnet man als erfahrungsbedingt, erworben oder **erlernt**.

Die Behauptung, „die Verhaltensweise ist angeboren", ist eine Kurzform der Aussage, daß die Schaltungen für diese Verhaltensweise in der *DNA* codiert sind, durch die körperliche Entwicklung ausgebildet werden und zur Verfügung stehen, wenn die Reaktion ausgelöst wird.

Angeborene Verhaltensweisen reifen bei normalen Entwicklungsbedingungen aus und werden ohne Lernprozeß beherrscht.

Der Beitrag von Vererbung einerseits und Erfahrung andererseits ist sehr unterschiedlich bei den einzelnen Tierarten. Bei einigen Tieren werden die Jungen mit einem fast kompletten Satz gebrauchsfertiger und voraussagbarer Reaktionen auf Umweltreize geboren. Andere Lebewesen sind in der Lage, ihrem angeborenen Verhaltensprogramm weitere Informationen hinzuzufügen. Sie besitzen die Fähigkeit, zu lernen, wie sie auf die Umwelt reagieren müssen.

Flexibilität ist ein Merkmal offener Programme

Die Frage, ob eine Verhaltensweise angeboren oder erlernt sei, galt lange Jahre als entscheidende Frage der Verhaltenskunde. Einige einfache Regeln dienten als Entscheidungshilfen:

Angeborene Verhaltensweisen
- laufen stereotyp ab, auch wenn sich die Situation ändert;
- sind bei allen Tieren einer Art gleich (Artkonstanz S. 26);

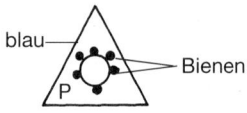

Bienen werden auf **blaue Dreiecke** mit **Pfefferminzduft** (P) dressiert.

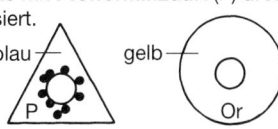

Im Wahlversuch bevorzugen sie dieses Muster vor **gelben Kreisen**, die nach **Orangenblüten** (Or) duften.

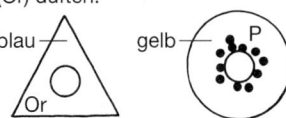

Im 2. Test orientieren sie sich allein nach dem **Duft**, Farbe und Form werden nicht beachtet.

Wenn beide Anordnungen gleich duften, können sich die Bienen nach **Form und Farbe** orientieren.

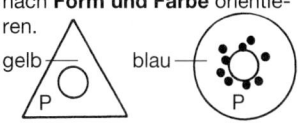

Bei gleichem Duft entscheiden die Bienen nach der **Farbe**, sie beachten die Form nicht.

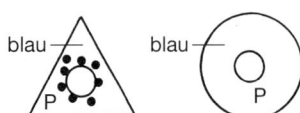

Wenn Duft und Farbe in beiden Anordnungen übereinstimmen, orientieren sich die Bienen nach der **Form**.

Abb. 72
*Bienen können lernen, sich nach Farben, Formen und Düften zu orientieren. Die **Reihenfolge**, in der die Orientierungshilfen beachtet werden, ist erblich festgelegt.*

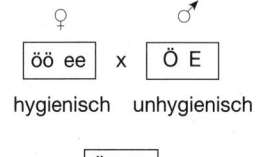

♀   ♂

| öö ee | x | Ö E |

hygienisch   unhygienisch

F1 | Öö Ee |

unhygienisch

Rückkreuzung:

F1

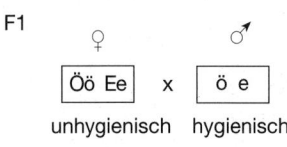

♀   ♂

| Öö Ee | x | ö e |

unhygienisch   hygienisch

F2

♀ \ ♂	öe	
ÖE	ÖöEe	unhygienisch
Öe	Ööee	öffnen
öE	ööEe	entfernen
öe	ööee	hygienisch

Kürzel:
ö/Ö: öffnen / öffnen nicht
e/E: entfernen / entfernen nicht
Die Allele für unhygienisches Verhalten (ö,E) sind dominant. Die
Drohnen sind haploid, sie haben
jeweils nur <u>ein</u> Allel: Ö oder ö; E
oder e!

Abb. 73
*Dihybrider Erbgang der Verhal-
tensweisen „hygienisch – unhygienisch" bei der Honigbiene
(vereinfacht).*

– werden oft beim ersten Versuch perfekt ausgeführt (S. 59);
– treten manchmal schon auf, bevor die ausführenden Organe voll funktionsfähig sind (S. 59).

Erlernte Verhaltensweisen
– sind meist gut an die Situation angepaßt und daher variabel;
– können bei jedem Individuum anders aussehen, denn sie
– sind davon abhängig, was ein Lebewesen zuvor erlebt hat
und
– müssen erst geprobt und geübt werden.

Der **Gegensatz** zwischen „angeborenem", d.h. durch Gene
verursachtem Verhalten und „erlerntem" Verhalten, das durch
Umwelteinflüsse entsteht, gilt heute als überholt. Alle
Verhaltensweisen sind genetisch verankert und können durch
Umweltfaktoren beeinflußt werden. Allerdings reagieren
manche Verhaltensprogramme recht flexibel auf Umwelt-
änderungen, während andere sehr starr sind. Eine Reihe von
Methoden gibt Auskunft darüber, wie starr ein Verhaltensab-
lauf programmiert ist. Verhaltensweisen, die auf geschlossene
Programme zurückgehen, erkennt man daran, daß sie
– nach den Mendelschen Regeln **vererbt** werden (S. 56) und
daher durch Auslese **gezüchtet** werden können (S. 58);
– durch **Mutation** verändert werden (S. 58);
– auch bei Tieren vorhanden sind, die **ohne jede Erfahrung**
aufwachsen (Kaspar-Hauser-Tiere, S. 60);
– bei verwandten Tierarten **homolog** sind (S. 86)
– und manchmal nur als **stammesgeschichtliche Relikte** zu
verstehen sind (S. 89).

5.3 Vererbung von Verhaltensweisen

Verhaltensweisen folgen einfachen Erbgängen

In einigen wenigen Fällen ist es gelungen, durch **Kreuzungs-
experimente** nachzuweisen, daß Verhaltensweisen nach den
Mendelschen Regeln vererbt werden (Verhaltensgenetik).
Eines der bekanntesten Beispiele für die Vererbung einer
Verhaltensweise durch einzelne Gene ist das **Nestreinigungsverhalten der Honigbiene** (Abb. 73).
▲ Um die Hygiene im Bienenstock zu gewährleisten, öffnen
die Arbeiterinnen Brutzellen mit kranken oder toten Maden
und entfernen diese. Einige Bienenstämme jedoch lassen tote
Puppen in ihren Zellen verrotten. Sie werden als „unhygie-
nisch" bezeichnet.

Werden unhygienische Bienen mit hygienischen gekreuzt, so verhält sich die erste Folgegeneration unhygienisch. Bei Kreuzung von Königinnen dieses Stammes mit Drohnen aus einem hygienischen Volk erhält man vier verschiedene Völker:

1. Hygienische Völker
2. Unhygienische Völker
3. Teilweise hygienische Völker; sie öffnen die Zellen, nehmen jedoch die kranken Larven nicht heraus.
4. Völker, welche die Zellen nicht öffnen, aber die Larven herausnehmen, wenn der Experimentator die Zellen öffnet.

Das Ergebnis zeigt, daß die Verhaltensweisen „Öffnen" und „Entfernen" von zwei verschiedenen Genpaaren gesteuert werden, die nach den Mendelschen Regeln weitergegeben werden. Das bedeutet nicht, daß das ganze Nestreinigungsverhalten durch zwei Gene codiert wird. Vielleicht arbeiten diese lediglich als Schalter, welche die beiden Verhaltensweisen anschalten. ▾

Weitere Kreuzungsexperimente beweisen die Erblichkeit von Verhaltensweisen auch bei anderen Tiergruppen; die Erbgänge sind jedoch meist recht kompliziert.

▲ Die Hunderassen Cockerspaniels und Basenjis unterscheiden sich in ihrem Sozialverhalten. Zuchtergebnisse deuten darauf hin, daß einzelne Verhaltensweisen der Kontrolle mehrerer Gene unterliegen. ▾

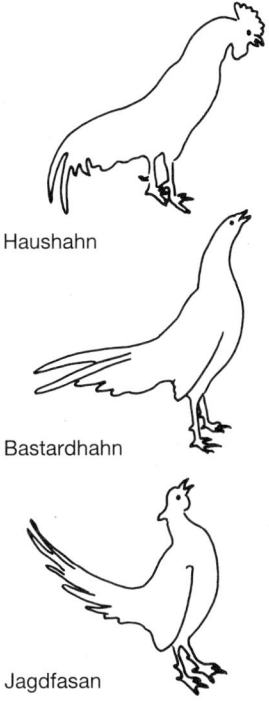

Haushahn

Bastardhahn

Jagdfasan

Artbastarde zeigen intermediäre Verhaltensmerkmale

In Ausnahmefällen gelingt es, Tiere nahe verwandter Arten zu kreuzen. Ein Vergleich der Verhaltensprogramme der Bastarde mit den Elternarten erlaubt Aussagen über die Erblichkeit von Verhaltensprogrammen (Abb. 74 und 75).

▲ Grillen der australischen Arten Teleogryllus oceanicus und Teleogryllus commodus lassen sich kreuzen. Die Bastardmännchen zirpen in einem Rhythmus, der zwischen den Rhythmen der beiden Elternarten liegt. Weibchen der Hybridrasse bevorzugen den Gesang ihrer Hybridgeschwister. Die Ergebnisse deuten darauf hin, daß sowohl das Gesangsmuster der Männchen als auch dessen Erkennen bei den Weibchen vererbt werden. ▾

Abb. 74
Der Haushahn kräht mit schwach geneigtem Kopf, der Jagdfasan legt seinen Kopf weit zurück. Der **Bastardhahn** *aus einer Kreuzung eines Haushuhns mit einem Jagdfasan zeigt eine Krähstellung, die zwischen den beiden liegt.*

Fischers Unzertrennliche (*Agapornis fisheri*) tragen Nistmaterial mit dem Schnabel ein.

Das Rosenköpfchen (*Agapornis roseicollis*) trägt das Nistmaterial unter den Rückenfedern.

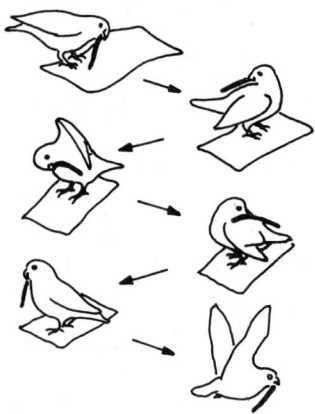

Bastarde (*Agapornis fisheri* x *Agapornis roseicollis*) versuchen das Nistmaterial unter das Gefieder einzustecken, lassen es aber beim Zurückziehen des Kopfes nicht los. Eintragen und Nestbau scheitern.

Abb. 75
Rosenköpfchen und Fischers Unzertrennliche zeigen beim Nestbau unterschiedliche Verhaltensweisen. Das Verhalten der **Artbastarde** *ist unharmonisch; sie können nicht nisten, bis sie nach etwa 2 Jahren lernen, das Material im Schnabel zu tragen.*

Verhaltensweisen können gezüchtet werden

Durch Ausleseversuche läßt sich nachweisen, daß Tiere mit gewünschten Verhaltensweisen gezüchtet werden können.
▲ Wurden Mäuse auf hohe Kampfbereitschaft hin ausgelesen, so ließen sich schon in der zweiten Generation die Nachkommen signifikant unterscheiden (Abb. 183). Dabei kam eine pleiotrope Genwirkung zutage. Das bedeutet, daß ein *Gen* verschiedene Eigenschaften beeinflußt. In diesem Falle waren Kampfbereitschaft, Bewegungsaktivität und Lernvermögen positiv korreliert, während Sexualität und Aggressivität eine negative Korrelation zeigten. ▼
Auch die Zahmheit und andere Verhaltenseigentümlichkeiten von Haustieren sind oft das Ergebnis künstlicher Auslese, ebenso wie die Verhaltensunterschiede zwischen Rassen, vor allem zwischen verschiedenen Hunderassen.

Verhaltensweisen können sich durch Mutationen ändern

Mutationen, die Verhalten ändern, wurden bisher noch wenig erforscht.
▲ Bei der Taufliege *Drosophila melanogaster* fand man Mutanten mit veränderten Orientierungsreaktionen, andere mit gestörter Tagesperiodik oder mit sehr kurzem Gedächtnis.▼
▲ Bei Mäusen gibt es *Mutanten* mit abweichenden Bewegungsmustern. ▼

Auch menschliche Verhaltensweisen sind erblich

Den Grad der Erblichkeit menschlichen Verhaltens kann man durch statistische Methoden abschätzen. Schätzungen über den anteiligen Einfluß von *Genom* und Umwelt auf Verhaltensmerkmale sind mit Hilfe der Familien- und Zwillingsforschung möglich. Eineiige Zwillinge sind erbgleich, können aber, wenn sie getrennt aufwachsen, unterschiedlichen Umwelteinflüssen ausgesetzt sein. Verhaltensunterschiede zwischen beiden sind also allein auf die Umwelt zurückzuführen. Aus den Ergebnissen läßt sich – mit Vorbehalten – ein Einfluß des Erbguts auf die Intelligenz von 65% ableiten.

5.4 Erfahrungsentzug

Das Erkennen von Schlüsselreizen ist angeboren

Viele Tiere haben keine Möglichkeit von ihren Eltern zu lernen, da sie diesen nie begegnen. Trotzdem erkennen sie ihre Artgenossen sicher (**Angeborenes Erkennen**):
▲ Kuckuckweibchen legen ihre Eier in Nester anderer Vogelarten. Die Pflegeeltern ziehen den jungen Kuckuck auf. Allein wandert er in sein Winterquartier. Wenn er im nächsten Frühjahr in seine Heimat zurückkehrt, paart er sich mit einem Artgenossen. Das Erkennen des Geschlechtspartners beruht auf einem geschlossenen Programm. Das Weibchen erkennt das Nest einer geeigneten Ammenart, in das es seine Eier legt.▼
Manchmal ist die Kenntnis eines Schlüsselreizes nur vage im teilweise offenen Programm eines Auslösemechanismus enthalten. Zusätzliche Einzelheiten werden durch spätere Erfahrung in das Programm zum EAAM eingefügt (S. 20).

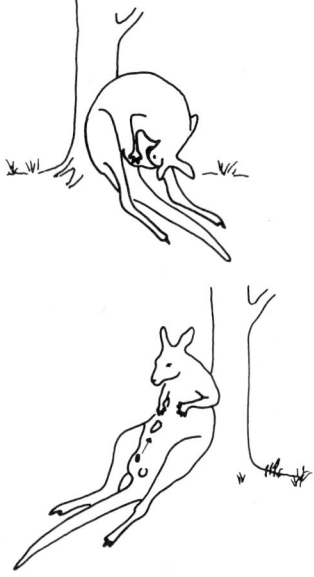

Instinkthandlungen werden ohne Erfahrung beherrscht

Auch Tiere, die nie eine Möglichkeit zum Üben hatten, beherrschen viele komplizierte Verhaltensweisen fehlerfrei (Abb. 76; **Angeborenes Können**).
▲ Wenn eine Spinne zum ersten Mal im Leben ein Radnetz baut, so ist dieses regelmäßig und vollständig. Die komplizierten Verhaltensweisen werden auf Anhieb fehlerfrei und in der richtigen Reihenfolge durchgeführt. ▼
▲ Schlüpfende Jungvögel öffnen ohne Hilfe ihrer Eltern die Schale ihres Eis mit kräftigen Stoßbewegungen des Nackens.▼
Manchen Tieren ist es nicht möglich, eine Bewegung zu üben, weil ihnen die anatomischen Voraussetzungen fehlen. Wenn die Bewegungen trotzdem auftreten, so kann man von **angeborenem Können** ausgehen:
▲ Hühner, die aufgrund einer Mutation keine Federn tragen, entwickeln die normalen, den Flügelschlag auslösenden Reflexe, obwohl diese wirkungslos sind. ▼
▲ Fliegen putzen ihre Flügel, sobald ein Staubkörnchen darauf fällt. Aber auch flügellose Fliegen zeigen regelmäßig die Bewegungen des Flügelreinigens. ▼

Abb. 76
Das Känguruh ist bei der Geburt taub, nackt und blind. Trotzdem findet es ohne Hilfe der Mutter, von Geruch und Schwerkraft geleitet, den Weg in den Beutel und dort zur Zitze.

Aufzucht unter Erfahrungsentzug verhindert Lernen

Kaspar Hauser tauchte 1828 in Nürnberg im Alter von etwa 16 Jahren auf. Seine Herkunft ist unbekannt. Angeblich war er während seiner Kindheit allein gefangen. Er konnte kaum sprechen, zeigte Bewegungsstörungen und hatte Probleme, sich in das soziale Leben einzuordnen. Er wurde 1833 ermordet.

Ein Weg um festzustellen, welche Verhaltensweisen ererbt und welche erworben werden, ist die **Deprivationsforschung.** Tiere werden in einer Umgebung aufgezogen, die ihnen keinerlei Erfahrungen ermöglicht. Das sich entwickelnde Verhalten wird beobachtet.

> Unter Erfahrungsentzug aufgezogene Tiere nennt man **Kaspar-Hauser-Tiere.**

Eine vollständige Abschirmung eines Jungtieres ist jedoch nicht durchführbar, denn ...
– weitgehender Erfahrungsentzug führt zu Fehlentwicklungen.
– gewisse Erfahrungen sind in jeder Umgebung möglich, z.B. am eigenen Körper, mit dem Futter oder dem Experimentator.

Die Experimente werden daher so angelegt, daß genau die Erfahrungen, die für die untersuchte Verhaltensweise wesentlich wären, nicht gemacht werden können.

> Eine Handlung betrachtet man als angeboren, wenn sie von einem Tier richtig ausgeführt wird, dem die für diese Handlung unerläßliche Erfahrung vorenthalten wurde.

Bei Aufzuchtsexperimenten ließen sich Verhaltensweisen nachweisen, die trotz Erfahrungsentzug spontan auftraten (Abb. 77).
▲ Küken einer Lachmöwe schlüpften im Brutkasten und verbrachten dann einige Stunden in Dunkelheit. Als ihnen Modelle von Schnäbeln angeboten wurden, reagierten sie bevorzugt auf Modelle, die rot waren wie der Schnabel ihrer Eltern. ▼
Treten in solchen Experimenten trotz gezielten Erfahrungsentzugs arteigene Verhaltensweisen in der richtigen Situation auf, so beruhen diese eindeutig auf einem genetischen Programm.

Abb. 77
Webervögel, die vier Generationen lang in Gefangenschaft gezüchtet wurden und nie die Möglichkeit hatten, ein Nest zu bauen , konnten, als ihnen geeignetes Nistmaterial geboten wurde, sofort die komplizierten arttypischen Nester bauen.

Kaspar - Hauser - Tiere zeigen arttypische Verhaltensweisen

Will man untersuchen, ob dem Eichhörnchen die Fähigkeit, Nüsse zu öffnen, angeboren ist, darf das Eichhörnchen vor dem Versuch keinen Kontakt mit Nüssen haben.

▲ Gibt man erfahrungslos aufgezogenen jungen Eichhörnchen zum ersten Mal Haselnüsse, dann greifen sie sofort danach und benagen sie. ▼

Das **Erkennen** der Nüsse und die **Verbindung** der Nuß mit der Tätigkeit des Ergreifens und Knabberns beruhen demnach auf einem geschlossenen Programm.

▲ Das Öffnen der ersten Nuß kann 20 Minuten dauern. Die Nagespuren verlaufen in allen Richtungen über die Nußschale. Schon nach wenigen Nüssen setzen die Eichhörnchen ihre Zähne zweckmäßiger ein. Manche Tiere nagen ein Loch in die spröde Bodenplatte der Schale. Meist lernen sie, entlang einer Furche einen schmalen Spalt zu nagen und die Nuß mit den Nagezähnen aufzubrechen. ▼

Das Öffnen der Schale folgt einem weitgehend offenen Programm. Die Kombination der Erbkoordinationen, das Plazieren der Nagespuren und das gezielte Einsetzen der Zähne zum Sprengen der Schale müssen gelernt werden. Verschiedene Methoden werden ausprobiert; meist wird diejenige Methode beibehalten, die als erste zum Erfolg geführt hat (Abb. 78).

▲ Beim Vergraben ihrer ersten Nuß zeigten Eichhörnchen, die mit Pulverfutter aufgezogen worden waren, die Verhaltensweisen des Scharrens, Ablegens, Zudeckens und Feststoßens genau gleich wie erfahrene Tiere. Selbst die Reihenfolge der Bewegungen war dieselbe. ▼

Angeborenes und Erlerntes ergänzen sich

Versuche zeigen, daß trotz eines Erfahrungsentzugs viele Erbkoordinationen spontan auftraten, AAMs erwiesen sich als weitgehend erfahrungsunabhängig. Die Fähigkeit, einzelne Verhaltensweisen zu einem sinnvollen Ganzen zusammenzusetzen, muß jedoch häufig erlernt werden. Bei höheren Tieren besteht fast jede Verhaltensweise aus erlernten und angeborenen Anteilen (ein alter Ausdruck dafür ist: „Instinkt-Dressur-Verschränkung").

▲ Ratten, die nie Kontakt mit festen Gegenständen hatten, beherrschten auf Anhieb die arttypischen Verhaltensweisen des Nestbaus wie das Zerspleißen von Halmen, das Einholen des Baumaterials, das Ausmulden und Tapezieren des Nestes. Die meisten dieser Ratten bauten ein Nest. Sie zeigten aber nicht die Zielstrebigkeit der erfahrenen Tiere, sondern bauten überstürzt und ungeordnet. Sie führen alle zugehörigen Bewegungsweisen aus, aber ohne die rechte Ordnung. Eine unerfahrene Ratte greift zum Beispiel einen Papierschnitzel auf, trägt ihn ein Stück weit, läßt ihn fallen und läuft weiter

Ein ohne Erfahrung aufgezogenes Eichhörnchen zernagt die ganze Nußschale, bis es ihm endlich gelingt den Kern herauszuholen.

Schon beim zweiten Versuch nagt es nur noch an einem Ende der Haselnuß.

Nach einiger Übung gelingt es ihm, einige Furchen zu nagen und dann eine Öffnung herauszubrechen

Schließlich hat es gelernt, die Kerben in der Nußschale zu vertiefen und dann die Nuß auseinanderzubrechen.

Abb. 78
Ein unter Erfahrungsentzug aufgezogenes Eichhörnchen lernt durch Übung eine Haselnuß zu öffnen.

Abb. 79
Naive Mauswiesel beherrschen das Repertoire des Beutefangs (oben), den gezielten Nackenbiß (unten) müssen sie jedoch erlernen.

zum Nest. Sie muß lernen, die Instinkthandlungen sinnvoll aneinanderzureihen und sie in Verbindung zum Fortschritt des Nestbaus zu bringen. ▼

Erfahrungsentzug führt zu Verhaltensstörungen

Völliger Erfahrungsentzug ist auch bei Kaspar-Hauser-Versuchen unmöglich. Bei Fehlen sämtlicher sozialer Kontakte treten schwerste Verhaltensstörungen wie Teilnahmslosigkeit, Bewegungsunruhe und Unfähigkeit zu normalem Sozialverhalten auf (**Hospitalismus**, S. 108). Rückschlüsse auf normales Verhalten sind nicht mehr möglich.
▲ Schimpansen, die als Versuchstiere ausgedient haben, können nicht mehr in Schimpansenhorden eingefügt werden. Sie benehmen sich daneben. Das läßt auf Vorhandensein traditioneller Normen im Verband schließen. ▼

Auch Menschen haben geschlossene Verhaltensprogramme

Aus ethischen Gründen sind Kaspar-Hauser-Versuche bei Menschen unmöglich. Aber Kindern, die bei der Geburt blind, oder gar **taub und blind** sind, fehlen die beiden wichtigsten Sinne, durch die Menschen Information aus der Umwelt erhalten. Ihre Untersuchung ist aufschlußreich im Hinblick auf die Frage nach angeborenen Verhaltensanteilen.
▲ Blinde Kinder folgen mit ihren Augen einem klappernden Gegenstand, der vor ihrem Gesicht bewegt wird. ▼
▲ Wenn die Mutter zu einem blinden Kind spricht, blicken seine Augen, die sich sonst unruhig bewegen, ruhig nach oben. ▼
▲ Taubblind geborene Kinder zeigen eine ganze Reihe von Ausdrucksbewegungen. Sie lächeln oder lachen, wenn sie sich freuen. Sie ballen ihre Fäuste, zeigen Zornesfalten im Gesicht und wenden den Kopf ab, wenn sie zornig sind. ▼
▲ Ein taubblind geborenes Mädchen schüttelte den Kopf, wenn es etwas nicht essen wollte. ▼

Eine andere Methode ist der Vergleich von Menschen mit sehr unterschiedlichen Erfahrungen, der **ethnologische Vergleich**. Verschiedene Menschengruppen haben ganz unterschiedliche Kulturen, Sitten und Sprachen. Findet man Verhaltensweisen, die bei Menschen aller Kulturen gleich sind, so kann man davon ausgehen, daß sie Teil des gemeinsamen Erbguts der Art Mensch sind.

▲ Überall auf der Welt flirten Frauen und Mädchen auf die gleiche Weise. Sie nicken leicht mit dem Kopf, es erscheint ein Anflug des Lächelns, sie schauen „verschämt" zur Seite, dann unterbricht ein Lidschluß den Blickkontakt für ca. 0,3 sec. ▼

▲ Verachtung drückt man bei allen Kulturen durch aufrechte Haltung, Anheben des Kopfes, Rückwärtsbewegung und Ausatmen durch die Nase aus. Eine Verbeugung dagegen ist eine Geste der Ergebenheit. ▼

„Die Basis, auf der sich die Schlüsse über angeborene Verhaltensweisen beim Menschen aufbauen, ist sehr schmal, und es wäre gut, sich der Brüchigkeit dieser Grundlage immer wieder zu erinnern."
ADOLF PORTMANN

Nach diesen Untersuchungen sind Bewegungen wie Blinzeln, Gähnen, Weinen, Lächeln und andere mimische Bewegungen, das Wegschnippen eines Insekts, das Saugen und Schreien beim Säugling, aber auch kompliziertere Ausdrucksbewegungen und manche Reaktionen des Sichduckens und Sichzusammenrollens bei Gefahr, dem Menschen „angeboren". Es gibt also auch beim Menschen Instinkthandlungen; verglichen mit allen Tieren sind wir jedoch durch eine weitgehende **Instinktreduktion** charakterisiert. Fast alle festen Zuordnungen von Auslösern zu spezifischen angeborenen Bewegungsweisen sind abgebaut.

Der Verhaltensforscher IRENÄUS EIBL-EIBESFELDT nimmt an, daß dem Menschen auch bestimmte Elemente des Sozialverhaltens – zum Beispiel Fremdenfurcht – angeboren sind (Zitate ZIMMER und PORTMANN).

Literatur:
Irenäus Eibl-Eibesfeldt: Der Mensch, das riskierte Wesen. München 1991

6 Lernen und Spielen

6.1 Lernen

Erfahrungen verändern das Verhalten

Unter Lernen versteht man in der Umgangssprache das Aneignen von Wissen. Verhaltensbiologen verwenden das Wort in einem weiteren Sinn. Wenn ein Tier lernt, so verändert sich sein Verhaltensrepertoire. Lernen ist Verhaltensänderung. Dabei werden die auslösenden Reize, die ausgeführten Bewegungsmuster oder die Verbindung von Reiz und Antwort geändert.

Aber nicht jede Verhaltensänderung beruht auf Lernen. Verhaltensänderungen können andere Ursachen haben: Wenn ein Tier oder ein Mensch sein Verhalten ändert, so kann dies
1. auf Ermüdung,
2. auf Krankheit,
3. auf Reifung oder Altern und
4. auf den Wechsel der Handlungsbereitschaft

zurückzuführen sein. Nur wenn eine Verhaltensänderung beständig ist und auf Engrammen – Gedächtnisspuren im Nervensystem – beruht, so betrachtet man sie als Ergebnis von Lernen.

> Lernen zeigt sich in einer dauerhaften Verhaltensänderung auf Grund von Erfahrungen.

Abb. 80
Schimpansen angeln mit dünnen Zweigen Termiten aus ihren Bauten. Sie verwenden dazu sorgfältig ausgewählte Werkzeuge. Es ist unklar, ob sie diese Handlung durch Nachahmung, durch operante Konditionierung oder durch Einsicht gelernt haben.

Lernen ist eine individuelle Anpassung an die Umwelt

Durch Lernen kann das Verhalten des einzelnen Individuums an die Umwelt angepaßt werden (Abb. 80).
▲ Eine Kröte verschlingt die erste Hummel, der sie begegnet, als Beute. Die zweite wird sie jedoch meiden (Abb. 81). ▼
Das Tier hat eine Information über die Umwelt aufgenommen, diese eingespeichert und aufbewahrt und ruft sie bei Bedarf ab. Die daraus resultierende Veränderung des Verhaltens dient einer besseren Anpassung an die Umwelt.

> Lernen ist eine Anpassung des Verhaltens zur Verbesserung künftiger Auseinandersetzungen mit der Umwelt.

Die Fähigkeit zu lernen ist im Tierreich weit verbreitet. Das menschliche Leben ist zu einem großen Teil vom Lernen bestimmt. Die meisten Lernvorgänge sind umkehrbar: Vergessen ist möglich.

Es gibt ein großes Spektrum von Lernformen

Bis heute gibt es keine umfassende Lerntheorie, sondern ein weites Spektrum unterschiedlicher Auffassungen vom Lernen. Die Ansichten, was am Lernprozeß das Wesentliche ist, gehen auseinander. Daher gibt es auch keine allgemein anerkannte Definition für Lernen. Die folgenden Lerntypen sind allein aus den unterschiedlichen Forschungsansätzen abgeleitet, bei denen Tieren – meist im Labor – Aufgaben vorgesetzt werden, die nur wenig Bezug zu ihrer natürlichen Lebensweise haben. Die Gliederung der verschiedenen Lernvorgänge ist daher grob und vorläufig.

1. **Gewöhnung** oder Habituation (S. 66) lockert oder löst eine Verbindung zwischen Reiz und Antwort.
2. **Verknüpfendes** oder assoziatives **Lernen:** Dabei werden verschiedene Reize und Verhaltensweisen zu einer Einheit verknüpft. Zum verknüpfenden Lernen zählen klassische (S. 67) und operante (S. 69) Konditionierung.
3. Beim **Lernen durch Nachahmung** erwirbt das Tier neue Fähigkeiten, indem es andere beobachtet (S. 74).
4. Als **Lernen durch Einsicht** (kognitives Lernen) bezeichnet man die plötzliche Neuverknüpfung von früheren Erfahrungen (neukombiniertes Verhalten). Das Verhalten ist weniger durch seine aktuellen Folgen als durch vorweggenommene zukünftige Konsequenzen bestimmt (S. 77).
5. Ein Sonderfall des Lernens ist die **Prägung** (S. 75), bei der Leerstellen in weitgehend geschlossenen Verhaltensprogrammen schnell und endgültig gefüllt werden.

Diese Einteilung hat sich als praktisch erwiesen und wird von vielen Lehrbüchern übernommen. Sie ist dennoch wenig befriedigend, da sie nicht durchgehend sachlogisch ist. Die verschiedenen Arten des Lernens schließen sich gegenseitig nicht aus. So gibt es bei der Prägung Nachahmung und beim kognitiven Lernen kommen Schritte verknüpfenden Lernens vor.

Eine Libelle, die an einem Faden vor den Augen einer Kröte schwebt,

wird sofort geschnappt und gefressen.

Die Kröte schnappt auch nach einer Hummel.

Sie wird gestochen und spuckt die Hummel wieder aus.

Von der nächsten Hummel wendet sie sich ab,

eine weitere Libelle dagegen

wird geschnappt und gefressen.

Abb. 81
Das Beutefangverhalten der Erdkröte wird durch einfache Schlüsselreize ausgelöst (S. 18). Durch Lernen können aber der Beuteerkennung weitere Merkmale hinzugefügt werden.

Unabhängig von diesen Lerntypen kann man zwischen obligatorischem und fakultativem Lernen unterscheiden.
Durch **obligatorisches Lernen** wird artspezifisches Verhalten erst möglich. Sein Ausfall führt zu Verhaltensstörungen.
▲ Ein Vogel muß sich während der Brutzeit die Lage seines Nestes merken; ein Hühnerküken muß sich das Aussehen seiner Mutter einprägen. ▼
▲ Ein Mensch muß seine Muttersprache lernen, um arttypisch kommunizieren zu können. ▼

Fakultatives Lernen verbessert die Anpassung an die Umwelt.
▲ Für eine Kröte ist es vorteilhaft, wenn sie gelernt hat, schwarz-gelb geringelte Objekte von Beuteformat zu meiden. ▼
▲ Ein Mensch kann Fremdsprachen lernen, um seine Möglichkeiten zu erweitern. ▼

6.2 Gewöhnung

Die Wirkung wiederholter Reize läßt nach

Bietet man ein bestimmtes Reizmuster wiederholt an, so spricht ein Tier immer schwächer und zuletzt gar nicht mehr an. Es hat gelernt, nicht mehr zu reagieren (Abb. 82).
▲ Jeder Obstbauer weiß, daß die Wirkung einer Vogelscheuche mit der Zeit nachläßt. Auch Schreckschüsse verlieren ihren Schreck, wenn sich die Stare erst einmal daran gewöhnt haben. ▼
Gewöhnung beruht meist nicht auf einer Ermüdung der Muskulatur, eher auf einer Veränderung des Auslösemechanismus. Ein neuer Reiz kann die Reaktion wieder voll auslösen:
▲ Das Sperren junger Buchfinken läßt sich sowohl durch Erschütterungen des Nestes als auch durch den Lockruf der Eltern auslösen. Löst man das Sperren mehrfach durch Erschüttern aus, so reagieren sie einige Zeit nicht mehr darauf, die Nestlinge haben sich daran gewöhnt. Bietet man jedoch den Lockruf, so sperren sie sofort wieder. ▼

> Als **Gewöhnung** bezeichnet man die abnehmende Reaktion eines Tieres auf wiederholt dargebotene Reize.

Gewöhnung oder Habituation ist ein einfacher Lernvorgang. Die wiederholte Erfahrung führt nicht zu einer neuen Reaktion, sondern zu einer Abnahme bisheriger Reaktionen. Ge-

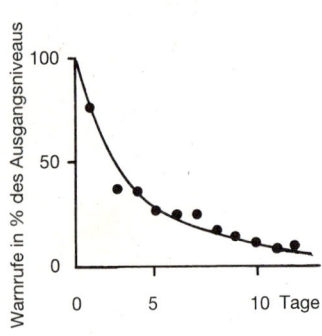

Abb. 82
Buchfinken gewöhnen sich an einen Steinkauz, der täglich 20 min. im Revier ist. Die Zahl der Warnrufe nimmt ab.

wöhnung dient dazu, häufig auftretende Reizmuster auszublenden und dem Tier unnütze Reaktionen zu ersparen.

▲ Junge Truthühner, die keine Erfahrung mit Flugobjekten haben, ducken und verstecken sich vor am Himmel gleitenden Objekten. So reagieren sie nicht nur auf Greifvögel, sondern auch auf Gänse, Störche, Kraniche und Flugzeuge, ja sogar auf fallende Laubblätter. Im Laufe ihres Lebens aber verlieren sie diese Reaktion gegenüber Flugobjekten, die häufig erscheinen und sie erfahrungsgemäß nie bedrohen. Hühnervögel, die täglich fliegende Gänse und Enten sehen, reagieren nicht mehr auf Attrappen mit langen Hälsen und kurzen Schwänzen. Werden dieselben Attrappen in umgekehrter Richtung bewegt, so lösen sie eine Feindreaktion aus (Abb. 83). ▼

Hält man nach Eintritt der Gewöhnung den entsprechenden Reiz lange genug fern, so erholt sich die Reaktionsbereitschaft des Tieres (**Dishabituation**).

So nützlich die Gewöhnung für das Tier ist, so sehr stört sie den experimentierenden Verhaltensforscher, der gezwungen ist, seine Versuche mehrfach zu wiederholen (vgl. S. 10).

6.3 Klassische Konditionierung

Klassische Konditionierung erzeugt bedingte Reflexe

Klassische Konditionierung läßt sich einfach am **Lidschluß-reflex** des Menschen oder eines Tieres durchführen. Bläst man einen schwachen Luftstrom auf das Auge, so schließen sich reflektorisch die Augenlider. Ein leiser Pfeifton hat diese Wirkung nicht. Läßt man wiederholt unmittelbar nach einem Pfeifton den Luftstrom auf das Auge treffen, so führt nach einiger Zeit der Ton allein zum Lidschluß (Abb. 84).
Die Faktoren bei dieser klassischen Konditionierung sind
– der Luftstrom, ein **unbedingter Reiz** (UCS = unconditioned stimulus), der die Reflexhandlung auslöst;
– der Lidschlag, die **unbedingte Reaktion** (UCR = unconditioned reaction) und
– der Pfeifton, ein **neutraler Reiz** (NS). Dieser löst zunächst keine Reaktion aus.

Das wiederholte **zeitliche Zusammentreffen** (Koinzidenz) beider Reize führt zu einer Verknüpfung von beiden. Der anfänglich neutrale Reiz wird zum **bedingten Reiz** (CS = conditioned stimulus) und kann für sich allein die **bedingte**

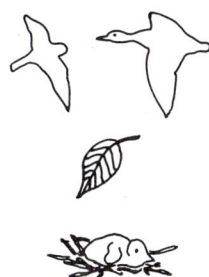

1. Greif- und Entenvögel sowie fallende Blätter lösen bei Küken die Fluchtreaktion aus.

2. Die Küken haben sich an die Enten, die sehr häufig fliegen, gewöhnt. Sie reagieren nicht mehr auf deren Anblick.

3. Vor den seltener auftauchenden Greifvögeln ducken sie sich weiterhin.

Abb. 83
Hühnerküken gewöhnen sich an die häufig fliegenden Entenvögel, nicht an die selteneren Habichte.

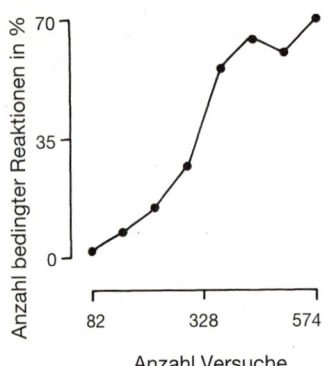

Abb. 84
Menschen werden in einer Versuchsreihe auf den bedingten Lidschlagreflex konditioniert. Die Ergebnisse von vier Versuchspersonen wurden gemittelt.

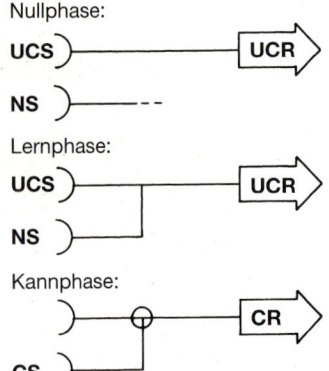

Nullphase:

UCS ⟩————————⟶ **UCR**

NS ⟩— – – –

Lernphase:

UCS ⟩————————⟶ **UCR**

NS ⟩

Kannphase:

⟩————⊕————⟶ **CR**

CS ⟩

Abb. 85
Die Schaltschemata demonstrieren die Entstehung eines bedingten Reflexes (Erläuterung im Text).

Reaktion (CR = conditioned reaction) auslösen. Ein neuer Reflexzusammenhang ist entstanden.

> Bei der klassischen Konditionierung wird ein ursprünglich neutraler Reiz mit einem auslösenden Reiz verknüpft und kann diesen ersetzen. Es entsteht ein **bedingter Reflex.**

Neutraler und auslösender Reiz werden verknüpft

Ein Versuch zur klassischen Konditionierung besteht aus drei Phasen (Abb. 85):
– In der **Nullphase** wird der Luftstrahl auf das Auge gerichtet (UCS = unbedingter Reiz). Die Lidschlußreaktion wird beobachtet (UCR = unbedingte Reaktion). Der neutrale Reiz (NS), hier der Pfeifton, wird auf seine Unwirksamkeit geprüft.
– Während der **Lernphase** werden der neutrale (NS) und der unbedingte Reiz (UCS) gleichzeitig oder kurz nacheinander angeboten. Dieses Vorgehen wird mehrfach wiederholt.
– In der **Kannphase** ist der Ton zum bedingten Reiz (CS) geworden: Es löst für sich allein den Reflex aus. Die Lidschlußreaktion ist zur (erfahrungs-) bedingten Reaktion (CR) geworden.

Auch der Pupillenreflex des Menschen kann konditioniert werden. Es ist aber noch nicht gelungen, den Kniesehnenreflex mit einem neuen auslösenden Reiz zu verknüpfen; denn eine Voraussetzung für **verknüpfendes Lernen** ist, daß im Nervensystem Bahnen vorhanden sind, die verknüpft werden können.

Klassische Konditionierung ermöglicht bedingte Appetenz

Die klassische Konditionierung geht auf den russischen Physiologen IWAN PETROWITSCH PAWLOW zurück. Sein berühmtes Experiment führte er an Hunden durch.
▲ Pawlow spannte einen hungrigen Hund in ein Geschirr ein (Abb. 86). In den Ausgang einer Speicheldrüse des Tieres hatte er einen kleinen Schlauch eingesetzt und konnte so den Speichel, der von dieser Drüse abgesondert wurde, sammeln und messen (Abb. 60, S. 45). Wenn ein Hund Futter sieht,

beginnt sein Speichel zu fließen. Pawlow ließ, kurz bevor es etwas zu fressen gab, stets eine Glocke ertönen. Nach einigen Wiederholungen kam bei den Hunden bereits auf das Glockenzeichen hin – auch ohne Anblick des Futters – der Speichelfluß in Gang. ▼

Zwischen dem Lidschlußreflex und der Speichelsekretion besteht ein wesentlicher Unterschied: Der Lidschluß ist ein unbedingter Reflex, die Speichelsekretion ist Teil des Appetenzverhaltens. Die Konditionierung der Speichelsekretion wird als **bedingte Appetenz** bezeichnet, sie ist nur bei hungrigen Tieren erfolgreich.

▲ Neugeborene Antilopen und Fohlen suchen zwischen den Beinen der Mutter nach den Zitzen. Zunächst suchen sie wahllos zwischen Vorder- oder Hinterbeinen. Bald lernen sie, nur zwischen den Hinterbeinen zu suchen (Abb. 87). ▼

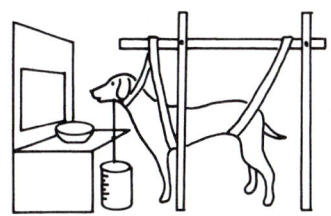

Abb. 86
Der Pawlow'sche Hund wurde in einem abgeschlossenen Raum auf ein Glockenzeichen konditioniert.

Extinktion ist ein neuer Lernvorgang

Bedingte Reaktionen erlöschen allmählich, wenn sich die Koppelung zwischen unbedingtem und bedingtem Reiz nicht von Zeit zu Zeit wiederholt.

▲ Wird die Speichelsekretion des konditionierten Hundes mehrmals allein durch das Klingelzeichen – ohne Futtergabe – ausgelöst, so reagiert dieser nicht mehr. ▼

Dieser Prozeß wird **Extinktion** genannt. Auch die Extinktion ist ein Lernvorgang; er ähnelt der Gewöhnung. Bei beiden lernt das Tier, Reaktionen, die keine Folgen haben, zu unterlassen.

Wird nach der Extinktion der bedingte Reiz wieder zusammen mit dem unbedingten angeboten, so tritt die bedingte Reaktion sehr viel schneller auf als während der ersten Konditionierung. Vermutlich wird bei der Extinktion das Gelernte nicht vergessen, sondern unterdrückt.

6.4 Operante Konditionierung

Erfolg verstärkt Verhaltensweisen

Bei der operanten Konditionierung lernen Tiere ein Verhaltensmuster durch **Versuch, Irrtum und zufälligen Erfolg**.

Das klassische Beispiel für operante Konditionierung ist die **Dressur** von Tauben oder Ratten in Käfigen, die alle unkontrollierten Reize fernhalten. Der Käfig ist mit einem

Abb. 87
Die junge Nilgauantilope sucht zunächst zwischen Vorder- und Hinterbeinen nach dem Gesäuge. Nach kurzer Zeit hat sie gelernt, nur noch zwischen den Hinterbeinen zu suchen: Ein bedingtes Appetenzverhalten ist entstanden.

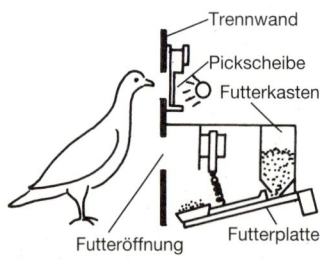

Trennwand
Pickscheibe
Futterkasten
Futteröffnung
Futterplatte

Abb. 88
Taube in einer Skinner-Box

Futterautomaten und Hebeln oder Tasten ausgerüstet. Die Futtergabe wird von einem bestimmten Verhalten des Tieres abhängig gemacht. Solche Lernapparate sind heute unter dem Namen „**Skinner-Box**" bekannt. Die Registrierung von Verhalten und Belohnung erfolgt automatisch.

▲ Eine hungrige Taube wird in eine Skinner-Box gesetzt (Abb. 88). Sie muß auf ein beleuchtetes Feld picken, um Futter zu erhalten (Abb. 89). Zunächst sind ihre Bewegungen ziellos. Irgendwann wird sie einmal zufällig mit dem Schnabel auf das beleuchtete Feld picken. Dafür wird sie sofort durch ein Korn belohnt. Wiederholt sich dieses Ereignis noch ein oder zweimal, so wird die Taube immer wieder auf das Feld picken, um ihr Korn zu erhalten. Weil die Intensität des Pickens immer stärker wird, sagt man „die Belohnung verstärkt das Verhalten". ▼

> Bei der operanten Konditionierung wird ein Tier trainiert, eine bestimmte Aufgabe auszuführen, um eine Belohnung zu erhalten.

Abb. 89
Die Taube in der Skinner-Box muß gegen eine Scheibe picken, um eine Belohnung zu erhalten.

Eine andere beliebte Versuchsanordnung zum operanten Konditionieren ist das Labyrinth (Abb. 91 und 92).

▲ Eine Maus durchläuft ein Labyrinth. Anfänglich läuft sie, um das Labyrinth zu erkunden oder ihm zu entkommen. Wenn sie ans Ziel gelangt, wird sie mit Futter belohnt. Schon im nächsten Lauf wird sie gezielt nach dem Futter suchen – ihre Handlungsbereitschaft zum Durchlaufen des Labyrinths wurde verstärkt. Sie läuft jetzt um belohnt zu werden. ▼

Beim operanten Konditionieren wird zu Anfang eine Handlungsbereitschaft vorausgesetzt, die Belohnung folgt erst <u>nach</u> der Aktion. Bei wiederholtem Erfolg stellt das Tier eine **Verknüpfung zwischen einer Aktion und einer Belohnung** her. Eine Verhaltensweise mit positiven Folgen erhöht die Wahrscheinlichkeit für ihr zukünftiges Auftreten; das Verhalten wird **verstärkt**.

> Ein Ereignis, das zum häufigeren Auftreten eines Verhaltens führt, ist ein **Verstärker**.

Der Lernerfolg hängt vom Belohnungsmuster ab

Beim operanten Konditionieren ist es wichtig, geeignete Verstärker zu finden. Im Versuch werden meist hungrige Tiere durch Nahrung verstärkt. Schüler kann man durch Befriedigung ihrer Neugier (primär) oder durch Ermutigung, Lob, gute Noten, Geld oder Süßigkeiten (sekundär) motivieren.

Der **Lernerfolg** im Labyrinth läßt sich durch die Anzahl richtiger Entscheidungen an Verzweigungen oder durch die für einen Lauf benötigte Zeit messen. Aufgrund von Meßwerten lassen sich Lernkurven (Abb. 90) erstellen, die den Lernerfolg graphisch darstellen. Vergleicht man den Lernerfolg verschiedener Verstärkungsmethoden, erhält man folgende Ergebnisse:

– Verstärkungen sind wirksamer, wenn sie zwischendurch ausgesetzt werden.

  ▲ Eine Taube pickt häufiger, wenn sie nicht für jede Pickreaktion belohnt wird, sondern nur für jede dritte. ▼

– Unregelmäßige Verstärkung wirkt besser als regelmäßige.

  ▲ Eine Taube lernt noch schneller, wenn die Belohnung in unregelmäßigen, nicht berechenbaren Intervallen erfolgt.▼

Strafen kann bedingte Aversion hervorrufen

Auch das Vermeiden einer Strafe wirkt als Verstärkung:
▲ Mäuse, die man auf einem Drahtgitter laufen läßt, das ihnen jedesmal nach Aufleuchten einer Lampe einen elektrischen Schlag versetzt, lernen schnell, einen Hebel zu bedienen, der den drohenden Schlag abwendet. ▼

Durch negative Verstärkung (Bestrafung unerwünschter Bewegungen) kann man Tiere sehr schnell auf einfache Verhaltensweisen dressieren. Handlungen, die bestraft werden, werden seltener und verschwinden allmählich (**bedingte Hemmung**).

▲ Ein Blindenhund, dessen Herr 1,73 m groß ist, umgeht einen Fensterflügel, der niedriger ist als 1,73 m. Während seiner Ausbildung erhielt er jedesmal einen schmerzhaften Stromstoß, wenn er ein solches Hindernis nicht beachtete. ▼

Die Strafe wird immer auf die Handlung bezogen, die in unmittelbarem zeitlichen Zusammenhang mit ihr steht.

▲ Wird ein Hund, der zum Wildern in den Wald läuft, sofort nach dem Zurückkommen bestraft, so wird er in Zukunft später zurückkehren oder die Person meiden, von der er bestraft wurde. ▼

Schlechte Erfahrungen können auch auf die Reizsituation bezogen werden und zu **bedingter Aversion**, einer Vermeidung der Reizsituation führen oder das Verhalten verunsichern.

▲ Eine Kröte, die beim Fang einer Hornisse gestochen wurde, wird in Zukunft diese Beute meiden (Abb. 81). ▼

Allgemein wirken positive Verstärkungen länger anhaltend als negative, nur sie ermöglichen das Lernen komplexer

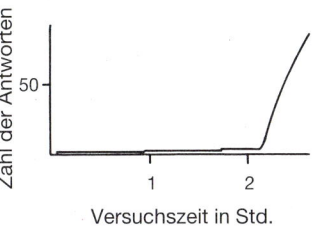

Abb. 90
Jedesmal, wenn die Taube pickt, rutscht der Schreiber um eine Einheit nach oben. In den ersten zwei Stunden pickte sie einige Male zufällig auf die Scheibe und wurde belohnt. Nach etwa zwei Stunden hatte sie gelernt: Sie pickte in rascher Folge und wurde regelmäßig belohnt.

| | | erlernt wird: | |
Verstärkung durch ↓	die auslösende Reizsituation	die Verhaltensweise
gute Erfahrung	bedingte Appetenz	bedingte Aktion
schlechte Erfahrung	bedingte Aversion	bedingte Hemmung

Tab. 1
Schema zur Unterscheidung verschiedener Formen der operanten Konditionierung

71

Aufgaben. Bei Anwendung von Strafen kann die Lernsituation als Ganzes furchterregend werden. Je höher eine Tierart organisiert ist, desto stärker wirken Belohnungen, und desto schwächer sind Bestrafungen als Lernanreiz.

Komplizierte Aufgaben werden schrittweise gelernt

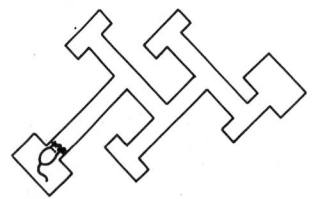

Abb. 91
Einfaches Labyrinth

Sehr komplizierte Aufgaben wird ein Tier nie zufällig ausführen. Sie werden daher in kleine Lernschritte aufgeteilt. Bei der Methode der **schrittweisen Annäherung** belohnt der Experimentator das Tier anfangs auch dann, wenn es das gewünschte Verhalten nur ansatzweise zeigt.
▲ Eine Taube, die das Tanzen lernen soll, wird zunächst schon für ein leichtes Drehen ihres Kopfes belohnt. Sobald sie diese Bewegung beherrscht, wird sie nur noch belohnt, wenn der ganze Körper die Bewegung mitmacht. Später verlangt der Experimentator zunehmend präziseres Verhalten. Schließlich wird die Taube dazu gebracht, sich ständig im Kreise zu drehen. ▼
Auf diese Weise kann man lernfähige Tiere zu vielfältigen Verhaltensweisen abrichten: Hunde geben Pfötchen, Delphine stehen im Wasser, Ratten durchlaufen komplizierte Labyrinthe.
Die Grenzen des verknüpfenden Lernens sind durch die Lerndisposition vorgegeben: Tauben können lernen, Futter mit Farben zu verknüpfen, aber nicht mit Tönen. Gefahren können sie mit Tönen verbinden aber nicht mit Farben.

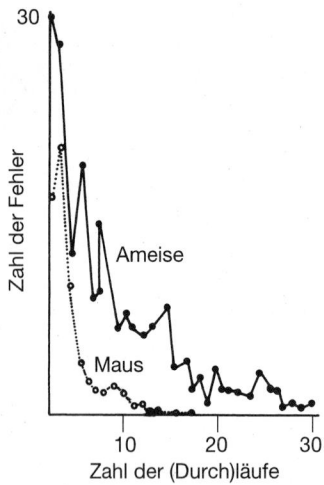

Abb. 92
Mäuse und Ameisen können lernen, sich in einem komplizierten Labyrinth zurechtzufinden. Mäuse beherrschen das Labyrinth schneller als Ameisen.

Programmierter Unterricht beruht auf operanter Konditionierung

SKINNER übertrug die Ergebnisse seiner Versuche auch auf Menschen. Beim programmierten Unterricht wird der Stoff in kleinste Portionen aufgeteilt, die eine **schrittweise Annäherung** an das Erfassen des gesamten Stoffgebiets gestatten. Der Lernende muß selber aktiv werden, z.B. durch Aufschreiben der Antworten. Unmittelbar nach jeder **Aktivität** wird er verstärkt. Wichtig ist, wirksame **Verstärker** zu finden. Die Aufgaben werden so angeordnet und formuliert, daß der Lernende die meisten davon richtig löst. Wenn er nach jedem kleinen Schritt seine Lösung mit einer (durch das Programm oder eine Lernmaschine) vorgegebenen Lösung vergleicht und dabei überwiegend vollständige Übereinstimmung entdeckt, so wird er motiviert, weiterzuarbeiten (Tab. 2).

Decken Sie die rechte Spalte mit einem Papierstreifen zu, und schauen Sie erst, nachdem Sie den Satz ergänzt haben, nach der Antwort!

Tiere werden manchmal durch Belohnungen dressiert. Das Verhalten eines hungrigen Tieres kann durch ____ belohnt werden.	Nahrung /Futter
Der Fachausdruck für "Belohnung" heißt **Verstärkung**. Ein Tier mit Nahrung zu belohnen, heißt also es mit Nahrung zu ____.	verstärken
In der Fachsprache sagt man, ein durstiges Tier wird mit Wasser____.	verstärkt nicht: belohnt!
Der Ausbilder verstärkt das Tier, indem er ihm Nahrung gibt, ____ es sich richtig verhalten hat.	nachdem/wenn
Verstärkung und Verhalten geschehen also in der Reihenfolge: 1. ____ 2. ____.	1. Verhalten 2. Verstärkung
Nahrung verstärkt ein spezifisches Verhalten bei einem Tier nur, wenn es ____ einer Reaktion gegeben wird.	unmittelbar nach/sofort nach
Eine Verstärkung löst keine Antwort aus, sie macht es lediglich ____, daß sich ein Tier wieder gleich verhalten wird.	wahrscheinlich(er)
Nahrung ist keine Verstärkung, wenn das Tier nicht ____ ist.	hungrig
Wird das Verhalten eines Tieres verstärkt, so wird es in der Zukunft ____ auftreten.	häufiger, öfter
Eine hungrige Taube durchstöbert im Park Blätter. Dieses Verhalten wird jedesmal, wenn sie Nahrung darunter findet, ____.	verstärkt
Die Wahrscheinlichkeit einer Verhaltensweise können wir nicht unmittelbar beobachten. Wir bezeichnen sie als wahrscheinlicher, wenn sie unter kontrollierten Bedingungen ____ auftritt.	häufiger, öfter
Wenn ein Verhalten verstärkt wurde, wird es zukünftig ____ gezeigt werden.	häufiger, öfter
Es gibt verschiedene Möglichkeiten der Verstärkung. Wärme kann das Verhalten eines frierenden Tieres ____.	verstärken
Wenn ein frierendes Tier eine Heizlampe anschaltet, wird die Handlung des Anschaltens ____.	verstärkt
In einer typische Skinner-Box löst das Drücken auf einen Hebel eine Futtergabe aus. Der Hebeldruck ist die ____, die verstärkt wird.	Aktion, Handlung, Verhaltensweise

Tab. 2 *Lernprogramm nach* SKINNER

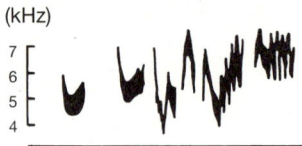

(kHz)

Vorbild: Gartenbaumläufer

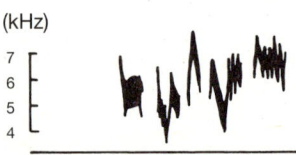

(kHz)

Nachahmer:Gartenrotschwanz

Abb. 93
Manche Vogelarten ahmen die
Lieder anderer Vögel nach. Man
nennt sie „Spötter".

6.5 Lernen durch Nachahmung

Nachahmung erfordert exakte Beobachtung

Manche Tiere beobachten das Verhalten von Artgenossen und ahmen dieses nach. So kann ein Einzeltier durch sein Verhalten Gruppenmitglieder zu gleichen Verhaltensweisen anregen. Nachahmung spielt besonders während der Jugendentwicklung eine bedeutende Rolle.
▲ Menschenkinder und junge Affen ahmen oft Verhaltensweisen Erwachsener nach. ▼
▲ Buchfinken erwerben Teile ihres Gesanges durch Nachahmung ihrer erwachsenen Artgenossen (Abb. 71). ▼
▲ Viele Vogelarten – besonders Raben und Papageien – sind Spötter. Sie ahmen gehörte Laute nach (Abb 93). ▼

> Nachahmung bedeutet Übernahme beobachteter Bewegungen oder gehörter Laute in das eigene Verhalten.

Nachahmung ist Lernen ohne eigene Erfahrung. Sie ist im Tierreich recht selten. Meist geht die Initiative zum Nachahmen vom Jungtier selbst aus. Bei Menschenaffen ermuntern ältere Gruppenmitglieder die Jungen zum Nachahmen.

Traditionen werden über Generationen weitergegeben

Werden nachgeahmte Verhaltensweisen von einer Generation auf die andere weitergegeben, sprechen wir von **Tradition**.
▲ Von 1940 an beobachtete man in England ein bis dahin unbekanntes Verhalten bei Meisen (Abb. 94): Sie pickten eine Öffnung in den Verschluß von Milchflaschen, die morgens vor den Haustüren standen, und naschten an der Sahne. Dieses Verhalten breitete sich über weite Teile des Landes aus und brach erst ab, als andere Verschlüsse eingeführt wurden. ▼
▲ In einer Gruppe von Makaken in Japan begründete ein Jungtier die Tradition, Süßkartoffeln zu waschen. Zunächst ahmten andere Jungtiere, später auch die Mütter, dieses Verhalten nach. Nach einer Generation hatten alle Tiere der Gruppe die Verhaltensweise übernommen. ▼
Bestehende Gewohnheiten werden meist von Eltern an die Kinder weitergegeben, Neuerungen nehmen oft den umgekehrten Weg.

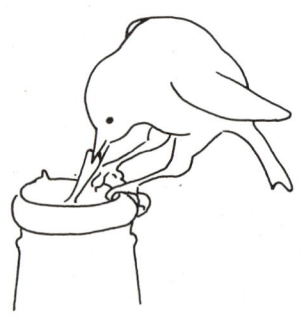

Abb. 94
Blau- und Kohlmeisen entwickelten in England die Tradition des Flaschenöffnens.

6.6 Prägung

Prägung ist nur während sensibler Phasen möglich

Es gibt Verhaltensprogramme, die nur während einer kurzen Zeit, der **sensiblen Phase**, offen sind. Zeit und Dauer der sensiblen Phase sind angeboren. Das Ergebnis einer solchen **Prägung** ist sehr **stabil** und durch andere Erfahrungen nur schwer oder nicht mehr rückgängig zu machen (Irreversibilität): Im Unterschied zu anderen Lernvorgängen gibt es kein Vergessen. Nach der Prägephase ist das vorher stellenweise offene Programm geschlossen. Wird der Zeitpunkt des Lernens versäumt, so kann sich das betreffende Verhalten nicht mehr normal entwickeln.

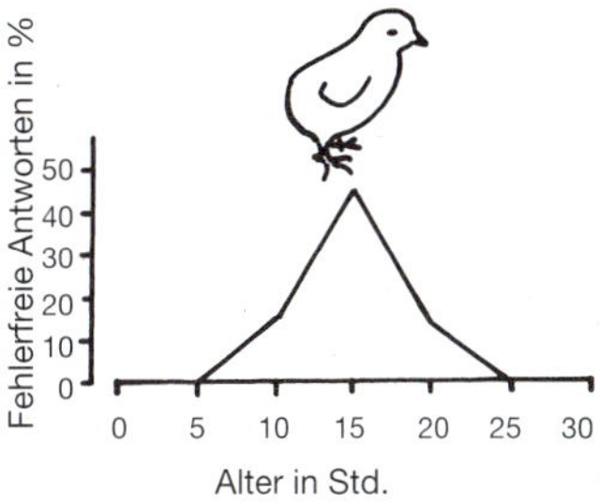

> **Prägung** ist ein rascher Lernvorgang in einer frühen **sensiblen Lernphase** mit **stabilem Ergebnis**.

– Bei der **Objektprägung** wird das Objekt festgelegt, das in Zukunft die spezifische Verhaltensweise auslöst (Nachfolgeprägung, sexuelle Prägung; Abb. 95 - 99);
– durch **motorische Prägung** wird ein Bewegungsmuster erworben (Gesangsprägung; Abb. 71).

Abb. 95
Die sensible Phase für die Nachfolgeprägung eines Hühnerkükens ist kurz. Sie hat ihren Höhepunkt 13-16 Stunden nach dem Schlüpfen und ist nach einem Tag erloschen.

Das Bild der Eltern wird unwiderruflich eingeprägt

Bei der **Nachfolgeprägung** werden die Merkmale des Nachfolgeobjekts kurz nach dem Schlüpfen festgelegt.
▲ Gänse sind Nestflüchter; sie verlassen das Nest, sobald sie aus dem Ei geschlüpft sind. Kurz nach dem Schlüpfen folgen Gänseküken fast jedem sich fortbewegenden Objekt, das den ihnen ohne Erfahrung bekannten „Gang-gang"-Ruf aussendet. Sie prägen sich das Bild des Lebewesens, das während der sensiblen Phase das Nachlaufen auslöst, schnell ein. Seine Merkmale werden zum bleibenden Auslöser für die Nachfolgereaktion, die erst dann erlischt, wenn die Jungen selbständig geworden sind. In der Natur ist es die Mutter, auf die das Küken geprägt wird. Im Experiment jedoch können die Küken auf andere Gänse, Hühner oder sogar auf Menschen geprägt werden (Abb. 96). ▼
Schon 24 Stunden nach dem Schlüpfen ist die sensible Phase für die Nachfolgeprägung der Gänse vorüber. Ist diese Zeit ohne eine Prägung verstrichen, löst das Elterntier Flucht aus.

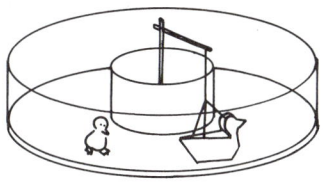

Abb. 96
Im Prägekarussell können Tierkinder, z.B. Entenküken, auf verschiedene Attrappen geprägt werden.

75

Wenn Merkmale eines künstlichen Objekts oder einer fremden Art gelernt wurden, liegt eine **Fehlprägung** vor (Abb. 97 und 98).

▲ Sklavenhalter-Ameisen stehlen Puppen anderer Ameisenarten. Deren soziale Handlungen werden auf die Art geprägt, die ihnen beim Schlüpfen hilft (Abb. 99). ▼

▲ Hunde knüpfen zwischen der 3. und 10. Lebenswoche enge Beziehungen zu Menschen. Wird ein Welpe bis zur 14. Woche isoliert gehalten, so ist sein späteres Sozialverhalten gestört. ▼

Auch Menschen haben im Säuglingsalter eine sensible Phase, in der sie sich in einem prägungsähnlichen Lernvorgang an die betreuende Person binden (S. 108). Diese Bindung ist nicht so starr wie die Nachfolgeprägung nestflüchtender Vögel.

Nicht nur Jungtiere werden auf ihre Mütter geprägt, oft lernen diese in sensiblen Phasen ihre Kinder kennen.

▲ Kurz nach der Geburt beleckt eine Ziege ihr Junges ausgiebig. Sie ist für etwa eine Stunde aufnahmebereit für seinen Geruch. Kommt in dieser Zeit kein Kontakt zustande, so wehrt die Mutter später ihr Zicklein ab und säugt es nicht. ▼

Abb. 97
Junge Enten wurden im Versuch auf einen Hund geprägt.

Die Kenntnis des Geschlechtspartners wird früh fixiert

Unter natürlichen Bedingungen paaren sich Tiere nur mit Artgenossen. Bei manchen Arten beruht die Kenntnis des Geschlechtspartners auf einem teilweise offenen Programm. Bei der **sexuellen Prägung** werden die Merkmale festgelegt, an denen der Partner erkannt wird. Ein Prägevorgang entscheidet schon in früher Jugend darüber, welche Tierart später umworben wird. Normalerweise sind Artgenossen die Prägevorbilder. Im Experiment kann man Fehlprägungen erzielen, die bewirken, daß bei freier Partnerwahl die Prägeart bevorzugt wird.

▲ Männliche Enten bevorzugen Partnerinnen, die ihren Ammen ähneln, die Weibchen dagegen wählen – unabhängig von früheren Erfahrungen – immer Männchen der eigenen Art. ▼

▲ Tauscht man Eier verschiedener Prachtfinken untereinander aus und läßt die Jungen von Ammen einer anderen Art aufziehen, so verpaaren sie sich später mit Angehörigen ihrer Ammenart. Ihre Artgenossen beachten sie nicht oder greifen sie an. ▼

▲ Zieht man männliche Stockentenküken in gleichgeschlechtlichen Gruppen auf und läßt sie erst mit etwa 100 Tagen frei, so verpaaren sie sich mit anderen Erpeln. ▼

Abb. 98
Ein von Menschenhand aufgezogener Zebrafink balzt die Hand seines Pflegers an.

Die Heimat wird durch Prägung erworben

Durch **Ortsprägung** werden die Merkmale eines Ortes, der später wieder aufgesucht wird, festgelegt.

▲ Zugvögel wie der Halsbandschnäpper lernen in einem frühen Lebensabschnitt die Kennzeichen ihres Herkunftsortes und kehren später bevorzugt dorthin zurück. ▼

▲ Pazifische Lachse werden auf den Geruch des Heimatgewässers geprägt und orientieren sich Jahre später bei der Rückwanderung zu ihren Laichgewässern danach. ▼

Die sklavenhaltende Amazonen-Ameise raubt Puppen anderer Ameisenarten. Diese werden beim Schlüpfen auf den neuen Staat geprägt.

6.7 Neukombiniertes Verhalten

Tiere können abstrahieren

Eine Wurzel des Denkens ist die Abstraktion, das Heranziehen von Erfahrungen, die in anderem Zusammenhang gemacht wurden. Viele Tiere können generalisieren. Bei Zweifachwahlversuchen wird ein Tier konditioniert, zwei Figuren zu unterscheiden, indem die Zuwendung zur einen belohnt bzw. zur anderen bestraft wird. Generalisieren liegt vor, wenn ein Tier auf einen Reiz reagiert, der einem bedingten Reiz ähnelt.

▲ Ein Elefant, der gelernt hat, ein Kreuz dem Kreis vorzuziehen, betrachtet später alles, was gekreuzte Linien zeigt, als positives Merkmal. ▼

▲ Eine Zibetkatze wurde dressiert, zwei parallele Halbkreise als positive, zwei parallele senkrechte Geraden als negative Dressurmerkmale zu erkennen. Sie zog schließlich generell gekrümmte Linien den geraden vor, auch wenn sie in ganz anderen Figuren auftauchten. ▼

Die Sklaven übernehmen alle Arbeiten, wie z.B. das Füttern ihrer Räuber.

Abb. 99
Sklavenhalter-Ameisen nutzen die Prägbarkeit anderer Ameisenarten aus.

Denken ist Lernen im gedachten Raum

Lernen durch Einsicht ist nur bei einigen Säugetieren, vor allem bei Affen, zu beobachten.
Unter neukombiniertem Verhalten versteht man das plötzliche Hervorbringen einer neuen, der Situation angemessenen Antwort ohne vorheriges Probieren.

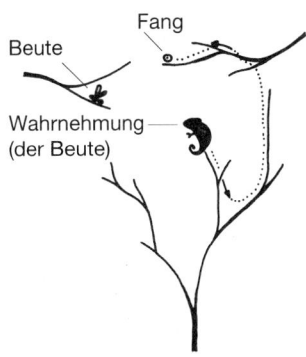

Abb. 100
Das Zwergchamäleon kann seine Beute nicht mit der Zunge erreichen. Es macht einen weiten Umweg, um sich der Beute soweit zu nähern, daß der Zungenschuß erfolgreich ist.

> Beim **neukombinierten Verhalten** wird eine neue Situation spontan erfaßt. Die Handlung wird auf Anhieb richtig durchgeführt.

77

Eine einfache Form von neukombiniertem Verhalten ist der **Umwegversuch** (Abb. 100). Einem Versuchstier wird der unmittelbare Zugang zu einem Ziel versperrt; es ist nur auf einem Umweg zu erreichen, bei dem sich das Tier zunächst vom Ziel entfernen muß. Das anfängliche Laufen in die falsche Richtung ist nur bei Erfassen des gesamten Umwegs sinnvoll und läßt daher auf eine Einsicht in die Gesamtsituation schließen. Spontane Umwegleistungen sind von Eichhörnchen, Hund, Dachs und Ratten bekannt.

Denken ist Lernen im gedachten Raum. In einer Planungsphase werden verschiedene Handlungsmöglichkeiten innerlich (auf einer „kognitiven Landkarte") durchgespielt, die Entscheidung wird nach dem zu erwartenden Erfolg getroffen, oder drastischer ausgedrückt: Statt des Individuums stirbt die Hypothese! Auch für die feinabgestimmte Willkürmotorik muß der Raum im ZNS präsent sein.

▲ Gibbons turnen in ihren Gehegen, ohne nach den Stellen zu sehen, die sie ergreifen. ▼

Gelernt wird in der Vorstellung. Der Raum wiederholt sich im Nervensystem. Entfernungen und Lagebeziehungen können blitzschnell mit der Eigenbewegung verrechnet werden. Die Einsicht eines Tieres in die räumliche Struktur seiner Umgebung geht mit der Fähigkeit, seine Bewegungen exakt anzupassen, Hand in Hand. Schon unsere Sprache verrät, daß die Bewegung im Raum eine Wurzel unseres Denkens ist, daß das Denken seiner Herkunft nach räumlich ist. Alle Sprachen übersetzen unanschauliche Vorgänge vorzugsweise ins Räumliche: „Tiefe Einsicht in höchst verwickelte Zustände erhalten; ein großes Problem erfassen und begreifen."

Menschenaffen lösen komplexe Aufgaben

Schimpansen und Orang-Utans beherrschen den **intelligenten Werkzeuggebrauch**. Während der Spechtfink nur über eine stereotype Werkzeugreaktion verfügt (Abb. 112), können Schimpansen ein Werkzeug zu verschiedenen Zwecken einsetzen (Abb. 80), sie können auch die gleiche Aufgabe mit verschiedenen Werkzeugen bewältigen (Abb. 101).

▲ Die Schimpansin Julia löste komplexe Aufgaben, für deren Lösung jede konkrete Vorerfahrung ausgeschlossen werden kann. Sie lernte zunächst, kleine Holzkästen, die in verschiedener Weise geschlossen waren, mit Hilfe von Werkzeugen zu öffnen. Dann lernte sie, mehrere Kästen in der richtigen Reihenfolge zu öffnen; jeder Kasten enthielt Werkzeug, mit dem ein anderer geöffnet werden konnte. Schließlich erhielt

Abb. 101
Schimpansen versuchen durch Aufeinandertürmen von Kisten ein hoch hängendes, begehrtes Futter zu erreichen.

sie die Aufgabe, die richtige Öffnungsfolge selbst vorauszuplanen. Sie mußte schon vor Beginn der Arbeit das richtige Werkzeug wählen, um fünf von zehn Kästen in der richtigen Reihenfolge zu öffnen und schließlich an das Futter zu kommen. Die Schimpansin löste 54 von 60 verschiedenen Anordnungen auf Anhieb richtig. ▾

Bei vielen Versuchen konnte ein deutliches „Aha-Erlebnis" beobachtet werden. Die Tiere sitzen ruhig da, bis ihnen die Lösung einfällt: Planungs- und Handlungsphase sind klar abgegrenzt. Das Probieren wird nach innen, ins Gehirn verlagert. Man spricht von **Einsicht** oder **unbenanntem Denken**.

▴ Mehrere Schimpansen wurden in der Amerikanischen Taubstummensprache (ASL) unterrichtet, in der einzelne Handzeichen jeweils Worte bedeuten. Sie lernten ohne Strafe, aus gutem Einvernehmen und Freude am Erfolg. Die Schimpansin Washoe beherrscht nicht nur mehrere hundert Zeichen, sondern kann selber Sätze bauen, in denen sie Aussagen macht, Wünsche äußert und Fragen stellt. ▾

Abb. 102
Schimpansen können sich in der Taubstummensprache ASL mit ihren Wärtern verständigen.

6.8 Gedächtnis

Es gibt verschiedene Gedächtnisspeicher

Wenn ein Lebewesen lernt, wird in seinem Zentralnervensystem eine Gedächtnisspur, ein **Engramm** angelegt. Wie ein Engramm aussieht, wissen wir noch nicht.

Zum Gedächtnis gehören vier Teilmechanismen:
- Aufnahme von Information;
- Abspeichern in Form von Engrammen;
- Aufbewahren der Engramme;
- Abrufen der Information (Erinnern).

Das Gedächtnis verfügt über mindestens zwei verschiedene Speicher: ein **Kurzzeitgedächtnis (KZG)** und ein **Langzeitgedächtnis (LZG)**.

Diese Speicher kann man weiter unterteilen. Zum KZG gehören
- das sensorische Gedächtnis (Ultrakurzzeitgedächtnis, UKZG), das den Sinneseindruck weniger als eine Sekunde festhält und
- das primäre Gedächtnis, das Inhalte einige Sekunden speichert und für die Übergabe an das LZG sortiert und strukturiert.

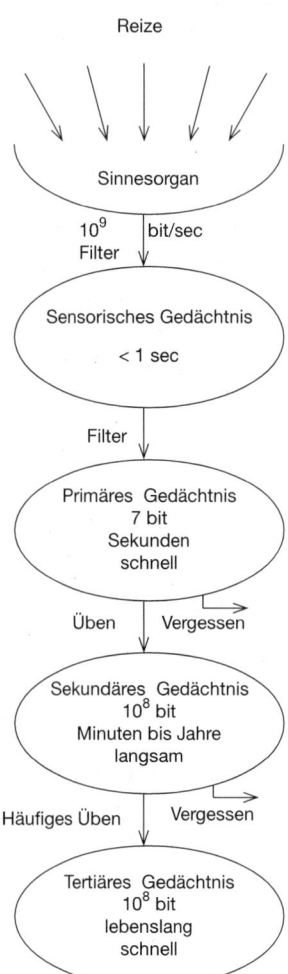

Reize

Sinnesorgan

10^9 bit/sec
Filter

Sensorisches Gedächtnis

< 1 sec

Filter

Primäres Gedächtnis
7 bit
Sekunden
schnell

Üben | Vergessen

Sekundäres Gedächtnis
10^8 bit
Minuten bis Jahre
langsam

Häufiges Üben | Vergessen

Tertiäres Gedächtnis
10^8 bit
lebenslang
schnell

Name des Speichers
Speichergröße
Speicherdauer
Zugriffsgeschwindigkeit

Abb. 103
Struktur des Gedächtnisses

▲ Das KZG hält jetzt bei Ihnen den ersten Teil des Satzes fest, solange Sie den zweiten Teil lesen. ▼

Das LZG kann in ein sekundäres und ein tertiäres Gedächtnis unterteilt werden:

– Das sekundäre Gedächtnis hat eine besonders große Kapazität, der Zugriff erfolgt relativ langsam.

▲ Hier sollte das Abiturwissen gespeichert sein. ▼

– Im tertiären Gedächtnis werden besonders häufig geübte Dinge dauerhaft gespeichert. Seine Inhalte sind besonders schnell abrufbar.

▲ Hier ist die Grundausstattung lebenslang wirksamer gelernter Information (Muttersprache, Schreiben, Lesen) gespeichert. ▼

Inhalte des Kurzzeitgedächtnisses sind schnell abrufbar

Ein kleiner Teil der von den Sinnesorganen aufgenommenen Information gelangt in das Kurzzeitgedächtnis. Im KZG sind die Informationen zeitlich geordnet. Sie können unmittelbar nach dem Lernvorgang wieder abgerufen werden.
Man vermutet, daß die Engrammbildung im KZG durch besondere Verschaltung der beteiligten Neurone zustande kommt. Nach wenigen Sekunden gehen seine Inhalte verloren, wenn sie nicht ins LZG übernommen werden. Das **Erinnern** ist das unverzichtbare Bindeglied zwischen Kurz- und Langzeitgedächtins. Für die Übernahme ins LZG gibt es (leider) nur eine Methode: Häufiges Wiederholen und Üben! Wichtig ist außerdem das Verknüpfen neuer mit bestehenden Inhalten.

Das Langzeitgedächtnis speichert dauerhaft

Die Übernahme von Information ins LZG kann durch verschiedene Bedingungen beeinträchtigt werden: durch Unterkühlung, Sauerstoffmangel, Elektroschocks und verschiedene Drogen. Bei all diesen Fällen wird die elektrische Aktivität des Nervensystems beeinträchtigt.
Informationen im LZG sind relativ dauerhaft gespeichert. Es gibt verschiedene Überlegungen, wie ein Engramm im LZG aussehen könnte:

– Vielleicht werden Schaltungen zwischen Nervenzellen neu organisiert. Die **Theorie des synaptischen Gebrauchs** und Nichtgebrauchs geht davon aus, daß durch Lernen die Leistungsfähigkeit einzelner Synapsen dauernd verändert wird. Als Grundlage bleibender Gedächtnisinhalte wird zur Zeit die Langzeitpotenzierung untersucht, eine anhaltende Steigerung der Leistung einer Synapse nach mehrfacher kurzer Erregung.

– Nach der **Theorie des molekularen Gedächtnisses** kann man auch annehmen, daß das LZG Engramme in Form von *Proteinen* anlegt. Dafür spricht das Versuchsergebnis, daß man die Übernahme durch Hemmung der Proteinsynthese verhindern kann. Außerdem sind alle Lernleistungen mit erhöhter *RNA*-Synthese verbunden.

Auch aus dem Langzeitgedächtnis können Engramme verloren gehen. Ob es sich beim **Vergessen** um den Abbau von Engrammen handelt, um Schwierigkeiten beim Abrufen oder um beides ist nicht bekannt. Sicher ist, daß jede irrelevante Tätigkeit zwischen dem Einprägen und dem Abrufen das Vergessen beschleunigt. Wahrscheinlich ist Vergessen kein passiver Zerfall von Engrammen, sondern eine Folge hemmender Einflüsse, die das Abrufen erschweren. Jedes **Erinnern** vergrößert den Umfang der Engramme und verlängert die Zeit des Behaltens.

6.9 Neugier und Spiel

Durch Erkunden wird die Umgebung kennengelernt

Erkundung, Neugier und Spiel sind Verhaltensweisen, die nur bei lernfähigen Lebewesen vorkommen. Primaten widmen diesem Verhalten einen ganzen Lebensabschnitt: die Kindheit. Ein Spielalter gibt es aber auch bei anderen Säugetieren wie Raubtieren oder Eichhörnchen.

Bringt man ein Säugetier in eine neue Umgebung, widmet es sich zunächst ganz dem **Erkundungsverhalten**. Selbst wenn es hungrig ist, nimmt es Nahrung erst danach auf. Erkundung ist eine Ortsbewegung, bei der alles Unbekannte geprüft wird. Gruppenlebende Tiere zeigen auch soziales Erkunden. Das Jungtier wendet sich an Gruppenmitglieder und versucht bei diesen Antworten auszulösen. Durch die Antworten ermuntert oder abgewiesen, macht das Tier erste soziale Erfahrungen und begründet ein Netz individueller Bekanntschaften.

Abb. 104
Mit einem Kopfsprung zeigt ein junger Kojote seine Spielbereitschaft an.

Beim Neugierverhalten wird gezielt Unbekanntes gesucht

Befindet sich in einer an sich bekannten Umgebung etwas Neues, so löst es, sofern es nicht erschreckend wirkt, ein gezieltes Erkundungsverhalten aus – eine Verhaltensweise, die man **Neugierverhalten** nennt. Es entspringt einer Bereitschaft, an beliebigen Gegenständen die ganze Folge arteigener Instinkthandlungen zu erproben: Zerkleinern, Verschleppen, Lauern, Kämpfen und Fressen. Das Erkunden neuer Gegenstände erfolgt auf artgemäße Weise: ▲ Eichhörnchen benagen einen Gegenstand um ihn kennenzulernen während Hunde ihn beschnuppern. Kleinkinder nehmen ihn in die Hände und führen ihn zum Mund. Bei Affen und Menschen wird auch der eigene Körper – voran die Hand – zum Gegenstand der Neugier. ▼

Beim Spielen werden Verhaltensweisen geübt

Spielen ist eng mit dem Neugier- und Erkundungsverhalten gekoppelt. Im Spiel kommen beinahe alle Verhaltensweisen vor, über die ein Tier verfügt. Es besteht zum großen Teil aus Instinkthandlungen, die sich vom Verhalten des Ernstfalls in einigen Punkten unterscheiden:
– Sie werden häufiger ausgeführt, ohne daß die Handlungsbereitschaft abnimmt und ohne daß die Handlung mit Erreichen des Ziels abbricht.
– Spiele werden oft mit größerem Kraftaufwand, höherer Geschwindigkeit und häufigen Wiederholungen ausgeführt.
– Verhaltensweisen aus verschiedenen Zusammenhängen wie Angriff, Flucht und Beutefang werden frei kombiniert.
– Teilhandlungen wechseln oft sprunghaft, laufen in anderer als der in Handlungsketten (S. 34) vorgegebenen Reihenfolge oder in veränderter Form ab. Rollenwechsel ist häufig.

> Beim Spiel entwickelt ein Tier eigene Handlungsmöglichkeiten im Wechselspiel mit der Umwelt.

Abb. 105
Spielende Jungfüchse

Zum Spielen sind vor allem Säugetiere, aber auch Vögel, fähig. Besonders Jungtiere spielen, wenn keine anderen

Verhaltensbereitschaften aktiviert sind. Sie fordern oft ihre Altersgenossen, Elterntiere oder Pfleger zum Spielen auf (Abb. 104, 105). Dies spricht für eine besondere **Spielbereitschaft**.

Zum Spielen gehört auch der Drang, das Verhalten anderer nachzuahmen. Manche Tiere erfinden neue Spiele. ▲ Schimpansen malen, wenn man ihnen Farbstifte gibt. ▼ Spiele hören sofort auf, wenn die entspannte Situation unterbrochen wird, sie sind nur bei einem hohen Grad an Sicherheit möglich. Die nötige Geborgenheit und Angstfreiheit geht meist vom Muttertier aus. Kaspar-Hauser-Tiere zeigen kaum Erkundungsverhalten.

Ziel des Spielens ist das Lernen

Solitärspiele führt ein Tier allein aus. Dazu zählen Beutefangspiele und Spiele mit unbelebten Gegenständen. Mit jeder Reaktion wird einem unbekannten Objekt ein Stück der ihm anhaftenden Unsicherheit entzogen. Beim Spielen werden Bewegungsabläufe eingeübt. Spielen verbessert die Wahrnehmungsfähigkeit durch Entwicklung der Sinne und der Reizverarbeitung im Nervensystem. Spielerisches Reagieren auf jedes Geschehen, das der eigenen Aktivität folgt, und das Wiederholen des Verhaltens führen dazu, daß das Lebewesen gesetzmäßige Konsequenzen des eigenen Verhaltens kennenlernt.

Sozialspiele werden meist mit Artgenossen, mit Geschwistern, Gruppenmitgliedern oder Elterntieren gespielt. Bei Jagd- und Kampfspielen suchen sich die Tiere oft Partner, die die Rolle der Beute, des Gegners oder des Rivalen übernehmen. Das Jungtier übt soziale Rollen ein, lernt die Gruppenmitglieder kennen und entwickelt die Kommunikation mit ihnen. Spielen ist außerdem für andere ein **Signal** mit der Aussage: Ich bin ein Jungtier.

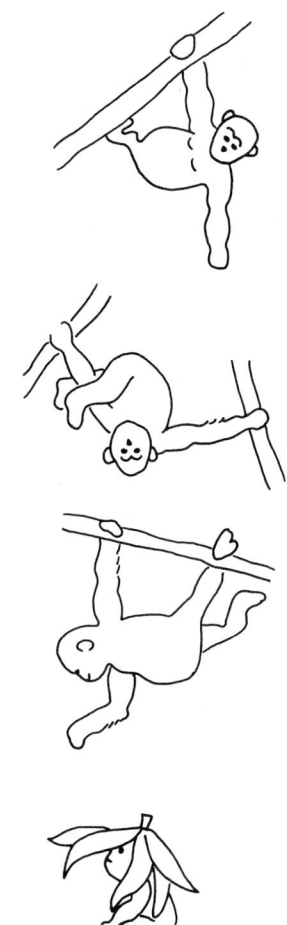

Abb. 106
Junge Gorillas bei Solitärspielen

> Beim Spiel ist nicht das Gelernte, sondern das Lernen Ziel der Handlung.

Spielen gehört zur Entwicklung des Menschen

Spiel kann als die wichtigste sinnstiftende Aktivität des Kindes angesehen werden. In diesem Rahmen vollzieht sich auch die Entwicklung des Sozialverhaltens. Es ermöglicht die

Umwelt und die Mitmenschen zu erkunden, den Umgang mit Anderen zu üben, trainiert das Lösen sozialer Konflikte und das Einüben sozialer Rollen.

Viele Elemente des Spielverhaltens findet man beim Forscher wieder: Allein das ständige Abwandeln und Wiederholen von Experimenten versetzt ihn in die Lage, zufälliges Zusammentreffen von gesetzmäßigen Beziehungen zu unterscheiden.

Abb. 107
Junge Gorillas beim Gruppenspiel

7 Verhalten und Evolution

7.1 Verhaltensweisen als Ergebnisse der Evolution

Verhaltensprogramme wandeln sich durch Evolution

Jedes Lebewesen ist vom Evolutionsgeschehen bestimmt, das es hervorgebracht hat. Auch alle Verhaltensprogramme haben sich durch die Evolution herausgebildet. Die Evolutionstheorie ist nicht nur für Körperformen und Organsysteme gültig, sie trifft in gleicher Weise auf Verhaltensweisen zu:

Die Evolutionstheorie sagt aus, daß …	Bezogen auf das Verhalten sagt sie aus, daß …
– die Lebwesen sich ständig verändern;	– Verhaltensweisen sich mit der Zeit verändern;
– alle Änderungen langsam und kontinuierlich ablaufen;	– Verhaltensänderungen in kleinen Schritten geschehen;
– die heute lebenden Arten von anderen, meist einfacher gebauten Organismen abstammen;	– die heute beobachteten Verhaltensweisen sich von anderen, oft einfacheren Bewegungsmustern ableiten;
– alle Lebewesen auf einen gemeinsamen Ursprung zurückgehen;	– Verhaltensweisen verwandter Lebewesen gemeinsame Wurzeln haben;
– der Motor der Evolution die natürliche Auslese oder Selektion ist.	– Verhaltensprogramme durch natürliche Auslese angepaßt werden.

Verhaltensprogramme entstanden im Verlauf der Stammesgeschichte und nur aus ihrer Geschichte sind sie zu verstehen. ▲ Hunde springen oft ihren Besitzer an und lecken sein Gesicht. Bei Wölfen tritt dieses Verhalten beim Betteln um Futter auf; es löst bei der Mutter Hochwürgen vorverdauter Nahrung aus. ▼

> Die Evolutionstheorie liefert das Leitprinzip für die Erklärung des Verhaltens.

„Jeder Instinkt muß, meiner Theorie nach, allmählich durch leichte Veränderungen aus einem früheren Instinkt entstanden sein, indem jene Veränderung sich als nützlich für die jeweilige Art erwies."
CHARLES DARWIN

„Darwin hat recht gesehen."
KONRAD LORENZ

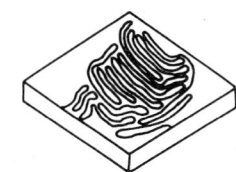

Abb. 108
Die dunklen Spuren im Sediment sind Fossilien des Wühl- und Freßverhaltens vorzeitlicher Würmer.

Abb. 109
Die Fußspuren von Laetoli beweisen, daß schon die Vormenschen der Gattung Australopithecus aufrecht auf zwei Beinen gingen.

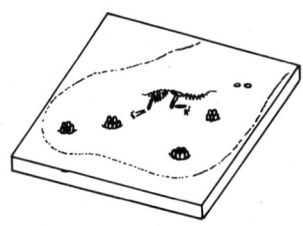

Abb. 110
Fossil erhaltene Gelege von Hadrosauriern zeigen, daß die Eier in dichten Nistkolonien abgelegt und ausgebrütet wurden. Es gibt Hinweise, daß die Jungtiere geschützt und mit Futter versorgt wurden.

Stockente, eine Schwimmente

Tafelente, eine Tauchente

Abb. 111
Alle Schwimmenten starten unmittelbar vom Wasser aus; Tauchenten nehmen einen Anlauf, bei dem sie mit den Flügeln schlagen und mit den Füßen über die Wasseroberfläche laufen.

Die Evolution des Verhaltens wird indirekt erforscht

Die Abläufe der Evolution sind einer direkten Beobachtung nicht zugänglich. Die Evolutionsbiologie ist daher auf indirekte Beweisführung angewiesen.

1. **Verhaltensfossilien** sind selten und meist wenig ergiebig. Es handelt sich hauptsächlich um Lauf-, Grab- und Fraßspuren, die Auskunft über Fortbewegung und Ernährungsweisen fossiler Lebewesen geben. Die Anordnung von Skelett- und Gelegefunden und deren Verteilung in Altersgruppen lassen Aussagen über Sozialstrukturen und das Fortpflanzungsverhalten zu (Abb. 108 - 110).
2. Die **Vergleichende Verhaltensforschung** hat einen historischen Ansatz. Sie versucht die stammesgeschichtliche Entwicklung einzelner Verhaltensweisen durch den Vergleich verwandter Arten zu erhellen. Man sucht ähnliche Bewegungsmuster und deutet die Ähnlichkeit als Homologie oder Analogie (S. 86). Besonders aufschlußreiche Sonderfälle homologer Verhaltensweisen sind Verhaltensrudimente (S. 89) und Rituale (S. 90).
3. Die **Verhaltensökologie** erklärt das Verhalten als Anpassung an die spezifische Umwelt eines Lebewesens (S. 92).

7.2   Vergleich von Verhaltensweisen

Verwandte Tiere zeigen homologe Verhaltensweisen

Nahe verwandte Arten haben oft ein ähnliches Inventar an Verhaltensweisen. Die formkonstanten, und daher leicht wiedererkennbaren Erbkoordinationen sind für den Vergleich verwandter Arten oft ebensogut geeignet wie Körperformen oder Baumerkmale; sie geben oft eindeutige Hinweise auf die Verwandtschaft bestimmter Tiere (Abb. 111).

▲ Vögel kann man oft einfacher am Nest oder am Gesang erkennen als an ihrem Aussehen. ▼

▲ Die Klasse der Säugetiere hat ihren Namen von einer allen Angehörigen gemeinsamen Verhaltensweise, dem Säugen. ▼

Es ist ganz unwahrscheinlich, daß alle Verhaltensähnlichkeiten zwischen verwandten Arten zufällig sein sollten. Die Ähnlichkeiten beruhen vielmehr auf einem gemeinsamen genetischen Programm. Übereinstimmungen, die auf gemeinsamer Erbinformation und damit auf Abstammung von gleichen Vorfahren beruhen, sind **homolog**.

Verhaltensweisen, die auf einen gemeinsamen Ursprung zurückgeführt werden können, sind **homolog**.

Durch Untersuchung vieler Verhaltenshomologien können Stammbäume ganzer Tiergruppen rekonstruiert werden.

▲ Die Verwandtschaftsverhältnisse der Gänse und Enten konnten durch Vergleich ihrer Erbkoordinationen geklärt werden (Abb. 113). Die Verhaltensweise des einsilbigen Pfeifens verlassener Küken ist allen gemeinsam. Das Schütteln, eine Form des Imponierens, zeigen alle Enten, aber nicht die Gänse. Krickente und Stockente haben den Grunzpfiff gemeinsam. Aus diesen und 45 weiteren Verhaltensweisen konstruierte K. Lorenz einen Stammbaum, der durch andere Methoden bestätigt wurde. ▼

Vergleichen heißt, aus Ähnlichkeit und Unähnlichkeit einen Stammbaum zu rekonstruieren.

Specht
(Europa
und
Amerika)

Spechtpapagei
(Australien)

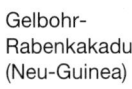

Gelbohr-
Rabenkakadu
(Neu-Guinea)

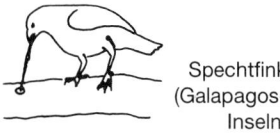

Spechtfink
(Galapagos-
Inseln)

Abb. 112
Verschiedene Vögel haben auf unterschiedlichen Wegen Zugang zur selben Nahrungsquelle gefunden: den Maden und Käfern in kleinen Höhlungen von Bäumen.

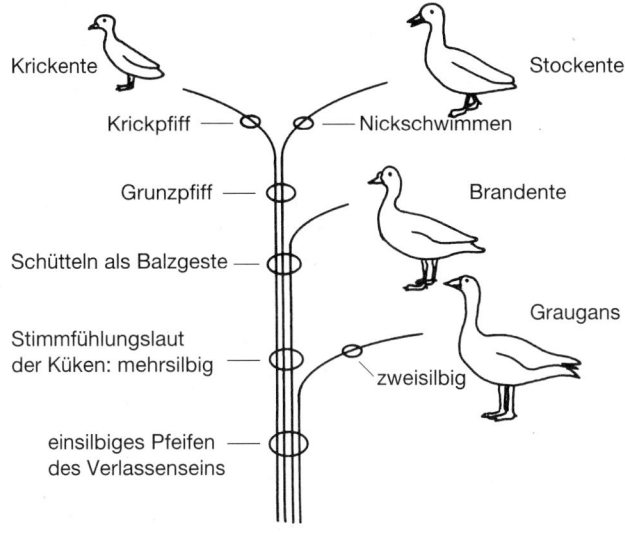

Krickente
Krickpfiff
Nickschwimmen
Stockente
Grunzpfiff
Brandente
Schütteln als Balzgeste
Graugans
Stimmfühlungslaut
der Küken: mehrsilbig
zweisilbig
einsilbiges Pfeifen
des Verlassenseins

Abb. 113
Der Stammbaum der Enten und Gänse wurde nach homologen Verhaltensweisen aufgestellt.

87

Gerenuk

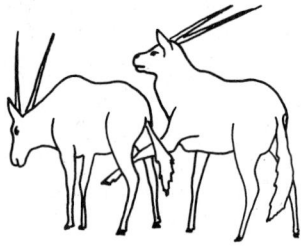

Spießbock oder Oryx-Antilope

Thompson-Gazelle

Abb. 114
Der Laufschlag ist Bestandteil der Werbung bei vielen Antilopenarten. Dabei schlägt das Männchen gegen oder zwischen die Hinterläufe des Weibchens.

Ähnliche Verhaltensweisen können auf Analogie beruhen

Es gibt eine zweite Art von Ähnlichkeit, die darauf beruht, daß zwei Tiergruppen unabhängig voneinander ähnliche Strategien zur Lösung eines Anpassungsproblems gefunden haben: Anpassungsähnlichkeit oder **Analogie**. So entstanden funktionsgleiche Handlungen bei verschiedenen Tiergruppen.
▲ Alle schnell schwimmenden torpedoförmigen Tiere des Wassers (Delphin, Thunfisch, Hai) führen die gleichen schlängelnden Schwimmbewegungen durch. ▼
▲ Kolibris und Schwärmer haben einen Flug auf der Stelle entwickelt, um Nektar von Blüten saugen zu können. ▼
▲ Specht, Gelbohr-Rabenkakadu, Spechtpapagei und Spechtfink haben sich unabhängig voneinander an die Suche nach Insektenlarven in Holzstämmen angepaßt (Abb. 112). Der Rabenkakadu löst Rinde ab und hackt Löcher in das faule Holz. Der Spechtfink nutzt zum Stochern nach Nahrung ein Hölzchen oder einen Stachel. ▼
▲ Die Warnlaute verschiedener Vögel (Abb. 186) sind analog. ▼

Homologiekriterien helfen beim Erkennen von Homologie

Bei Verhaltensweisen ist es oft schwieriger als bei Körperformen, zwischen Homologie und Analogie zu unterscheiden. Mit Hilfe der Homologiekriterien kann die Wahrscheinlichkeit abgeschätzt werden, ob zwei Verhaltensweisen homolog sind. Homologiekriterien sind Entscheidungsregeln. Auf Verhaltensweisen sind sie noch schwerer anzuwenden als auf Körpermerkmale.
– Das **Kriterium der spezifischen Qualität** besagt, daß Verhaltensweisen verwandter Tierarten homolog sind, wenn ihr Ablauf in möglichst vielen Einzelmerkmalen übereinstimmt.
    ▲ Die Jagd der Hauskatze (Abb. 1) verläuft ganz ähnlich wie die des Tigers (Abb. 63; S. 47). ▼
– Nach dem **Kriterium der Lage im Gefügesystem** sind solche Verhaltensweisen homolog, die an gleicher Stelle einer Handlungskette auftreten.
    ▲ Der Laufschlag ist Teil der Balz von Antilopen und Gazellen (Abb. 114). Antilopen verschiedener Kontinente (Wasserbock, Rehantilope, Dibatag) zeigen ihn als Teil

des Werbeverhaltens an derselben Stelle der Verhaltensfolge. ▼

– Auch unähnliche Verhaltensweisen sind nach dem **Kriterium der Kontinuität** homolog, wenn sie durch Übergangsformen miteinander verknüpft sind (Abb. 119).

▲ Bei manchen Tanzfliegen eröffnet das Männchen die Balz, indem es dem Weibchen ein erbeutetes Insekt übergibt. Während sie mit dem Verspeisen beschäftigt ist, kann er sie begatten. Ohne Zweifel übte die Gefahr, selbst vom Weibchen gefressen zu werden, den Selektionsdruck aus, der dieses Verhalten herausgezüchtet hat. Doch hat sich das Ritual auch bei der nordischen Tanzfliege erhalten, bei der das Weibchen, abgesehen von diesem Hochzeitsmahl, keine Fliegen frißt. Bei einer nordamerikanischen Art umspinnt das Männchen einige kleine Insekten mit einem seidenen Ballon, der die Aufmerksamkeit des Weibchens erregt. Schneiderfliegen fangen keine Insekten, aber die Männchen spinnen einen kleinen Schleier, den sie im Flug zwischen den Beinen ausspannen und auf dessen Anblick die Weibchen reagieren. ▼

Abb. 115
Bei Hirschen tritt der Laufschlag als Teil aggressiven Verhaltens auf: Eine Hirschkuh schlägt nach ihrem Kalb.

Rudimente sind Anpassungen von gestern

Wenn eine Tiergruppe im Laufe der Stammesgeschichte ihre Lebensweise einschneidend geändert hat, büßen einige Verhaltensweisen ihre ursprüngliche Funktion ein. Sie gehen dann verloren, übernehmen eine neue Aufgabe oder werden als Verhaltensrudimente – wenn sie keine hohen Kosten verursachen – mehr oder weniger nutzlos mitgeschleppt. Mitunter überlebt eine Verhaltensweise sogar das Organ, auf das sich das Verhalten bezieht.

▲ Muntjaks ziehen beim Drohen ihre Lippen hoch und entblößen so die hauerartig verlängerten Eckzähne. Die gleiche Drohbewegung zeigt auch der Rothirsch, dessen Eckzähne jedoch stark zurückgebildet sind. Hirsche drohen also mit Waffen, die sie gar nicht besitzen. ▼

Abb. 116
Das Sperren des jungen Finken ist ein Ritual, das den Altvogel zum Füttern auffordert.

Als Rudiment kann auch die Reaktion auf Schlüsselreize auftreten, die in natürlicher Umgebung gar nicht mehr da sind.

▲ In einem Flußsystem im US-Bundesstaat Washington sind alle Stichlingmännchen pechschwarz. Die Färbung schützt die Tiere vor einem Raubfisch. Bei Experimenten zogen die zugehörigen Weibchen, wenn sie die Wahl hatten, in fünf von sechs Fällen rotbäuchige Männchen den schwarzen vor. ▼

Jungtiere verhalten sich manchmal wie ihre Vorfahren

Nach dem Baer'schen Gesetz ähneln sich in einem Kreis verwandter Tiere die Jungen mehr als die Erwachsenen. Dafür gibt es in der Verhaltenskunde nur wenige gut belegte Beispiele. Im Verhalten von Jungtieren treten mitunter Merkmale auf, die dem Verhalten einer ursprünglicheren Art gleichen.

▲ Wenn junge Pfauenhähne ein Rad schlagen, so scharren und picken sie dabei wie Haushähne (Abb. 117). Ein erwachsener Pfau begnügt sich mit dem Radschlagen (Abb. 119). ▼

▲ Erwachsene Lerchen schreiten am Boden. Junge Lerchen dagegen hüpfen – wie baumlebende Singvögel – mit beiden Beinen gleichzeitig. Das ist ein Hinweis auf die Abstammung der Lerchen von baumlebenden Vögeln. ▼

▲ Berührt man die Handfläche eines Neugeborenen mit einem Finger, so greift das Händchen fest zu. Frühgeborene lassen sich auf diese Weise sogar hochheben. Der stärkste Auslöser für dieses Verhalten sind Haare. Der Klammerreflex ermöglicht dem menschlichen Säugling aber nicht, sich an der Mutter festzuhalten. Dazu fehlt dieser das Haarkleid und dem Säugling der Greiffuß. Der Klammerreflex ist also eine rudimentäre Verhaltensweise, die daran erinnert, daß Vorfahren des Menschen Baumkletterer waren. ▼

Abb. 117
Das Scharren und Gackern des Hahnes (Abb. 74) ist eine ritualisierte Bewegung, die zur Balz gehört. Es dient als Signal, um die Hennen um sich zu versammeln.

7.3 Rituale

Rituale dienen der Verständigung

Bei vielen Tieren gibt es Bewegungen, deren einzige Aufgabe es ist, von Artangehörigen verstanden zu werden. Sie werden, in Anlehnung an Riten beim Menschen, als Rituale bezeichnet. Rituale sind Gebräuche, die von allen Angehörigen einer Gruppe verstanden werden, wie eine Sprache (Abb. 117 und 118).

Abb. 118
Prachtfinkenmännchen balzen mit einem Halm im Schnabel.

> Ein **Ritual** ist eine Instinktbewegung, die von den Mitgliedern einer Gruppe als Signal verstanden wird.

Ritualisierte Verhaltensweisen werden durch eine Reihe von Eigenschaften gekennzeichnet, die sie leicht erkennbar und unverwechselbar machen:

- Die Bewegungen werden mimisch **übertrieben**.
- Sie werden durch Farben oder Strukturen **unterstrichen**.
- Ihre Form ist **starr** und unabhängig von der Erregungsintensität.
- Oft werden sie in rhythmischer Folge **wiederholt**.
- Meist ist der Ablauf **vereinfacht** und
- die Taxis ist (z.B. bei Drohgebärden) **umorientiert**.

Die Homologisierbarkeit von Verhaltensweisen wurde nicht ganz zufällig an ritualisierten Bewegungen entdeckt; schließlich sind sie die konstantesten Bewegungsfolgen, die es gibt.

In menschlichen Gesellschaften sind Riten meist durch Tradition festgelegt und müssen von jedem Mitglied neu gelernt werden. Rituale der Tiere werden ererbt, sie sind in der Stammesgeschichte entstanden.
Die Entstehung von Ritualen läßt sich an unzähligen Beispielen verfolgen. Ritualisierte Verhaltensweisen haben im Laufe der Stammesgeschichte Änderungen erfahren, die einer Verbesserung der Signalübermittlung dienen. Der Informationsaustausch muß möglichst wirksam und unmißverständlich sein.

Haushahn und **Jagdfasan** scharren auf der Stelle und picken unter Lockrufen auf den Boden.

Als **Ritualisierung** bezeichnet man eine evolutionäre Veränderung einer Verhaltensweise, die deren Signalwirkung verbessert.

Rituale sind entlehnte Verhaltensweisen

Ritualisierung ist ein Vorgang, der Instinktbewegungen aus anderen Verhaltenskreisen entlehnt und sie in ihrer Funktion ändert. Viele Rituale haben sich aus dem ursprünglichen Zusammenhang gelöst und sind zu selbständigen Signalen geworden (Abb. 119).
▲ Der Laufschlag der Antilopen und Gazellen (Abb. 114) entstammt ursprünglich dem Kampfverhalten. Bei der Werbung tritt er in ritualisierter Form – mimisch übertrieben und verlangsamt – auf. Bei Hirschen und beim Guanako ist er als aggressive Verhaltensweise beobachtet worden (Abb. 115). ▼
Teilweise wurden die Rituale in der Stammesgeschichte – wie Riten der Menschen in der Folge vieler Generationen – so stark überformt, daß der stammesgeschichtliche Ursprung kaum noch erkannt werden kann. Die Herkunft ist dann nur vergleichend zu klären. Viele Rituale leiten sich von Intentions- (S. 41) und Übersprungbewegungen (S. 50) ab.

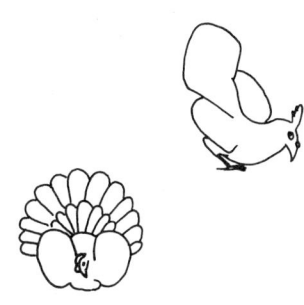

Glanzfasan und **Spiegelpfau** betonen das Picken durch rhythmische, ruckweise Schwanz- und Kopfbewegungen.

Der **Pfauenhahn** spreizt beim Radschlagen seine Schwanzfederdecken, hält den Hals aufrecht und zeigt mit dem Schnabel nach unten.

Abb. 119
Das Balzverhalten verschiedener Hühnervögel läßt sich als Abwandlungsreihe anordnen.

▲ Bei einigen Arten von Prachtfinken baut das Weibchen das Nest, solange das Männchen Nistmaterial heranschafft. Aus diesem Materialsammeln hat sich die „Halmbalz" entwickelt, bei der das Männchen mit einem Halm im Schnabel Nestbaubewegungen macht (Abb. 118). ▼

Stammesgeschichtlich entstandene Rituale gibt es auch beim Menschen:

▲ Das Lachen, Zähnezeigen verbunden mit Luftausstoßen, muß aus einer hassenden Drohbewegung der Gruppe zur Einigungszeremonie geworden sein. Beim Auslachen blieb der aggressive Charakter des Lachens erhalten. ▼

7.4 Verhalten als Anpassung

Angepaßte Verhaltensweisen verleihen Fitness

Abb. 120
Lachmöwen entfernen Schalenreste aus ihren Nestern. Die Eier sind khakibraun mit schwarzen Punkten, die Schaleninnenseite ist weiß.

Es war die große Leistung von CHARLES DARWIN, zu zeigen, daß sich die Selektion aus den unterschiedlichen Leistungen verschiedener Individuen einer Art in der Auseinandersetzung mit ihrer Umwelt ergibt. Verhaltensweisen wirken sich auf die Überlebenschancen und die Vermehrung der Tiere aus und bilden somit Angriffspunkte für die natürliche Selektion. Die Evolution hängt vor allem von den beiden Faktoren der Variation und der Selektion ab:

1. Jedes Individuum unterscheidet sich in seinem Verhalten von allen anderen Individuen seiner Art (**Variation**). Diese Unterschiede sind meist sehr gering, oft betreffen sie nur die Häufigkeit oder die Intensität einer Bewegung.
2. Die verschiedenen Individuen sind den Anforderungen ihrer Umwelt mehr oder weniger gut gewachsen. Je besser die Verhaltensweisen eines Tieres an seine Umwelt angepaßt sind, desto größer sind seine Überlebens- und Fortpflanzungschancen (**Selektion**). Solche Verhaltensprogramme werden in der nächsten Generation etwas häufiger sein.

Distanz Ei – Schale (cm)	Geraubte Eier (%)

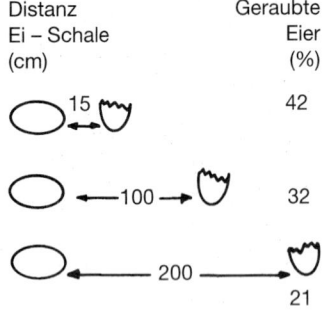

Abb. 121
Eier, in deren Nähe weiße Schalenreste liegen, werden häufiger von Krähen, Silbermöwen und anderen Vögeln geraubt.

> Die natürliche Auslese sorgt dafür, daß Programme für angepaßtes Verhalten bevorzugt weitergegeben werden.

Die Verhaltensforschung wendet das Selektionsprinzip auf verschiedenen Systemebenen an:

- Die klassische Ethologie geht davon aus, daß die Evolution vor allem der **Erhaltung der Art** dient. Was für das Individuum vorteilhaft ist, ist auch nützlich für die Art als Ganzes.
- Die Verhaltensökologie sieht in der Evolution eher einen **Wettbewerb der Individuen** innerhalb von *Populationen*. Je erfolgreicher ein Individuum in der Weitergabe seiner Gene an die kommenden Generationen ist, desto größer ist seine **Eignung** oder Fitness. Das Verhalten kann, aber muß nicht der Art dienen.
- Soziobiologen arbeiten oft mit dem Begriff des „egoistischen Gens". Sie betonen den **Wettbewerb zwischen einzelnen Verhaltensprogrammen**. Bei diesem geht es weniger um die unmittelbare Zahl der Nachkommen eines Individuums, sondern um die Zahl künftiger Kopien eines Gens in der Population. Eine Verhaltensweise breitet sich dann aus, wenn sie ihren Trägern möglichst viele fortpflanzungsfähige Nachkommen schafft oder wenn sie andere Tiere mit demselben *Gen* fördert.

Verhaltensweisen passen eine Art ihrer Umwelt an

Eine Verhaltensweise, die bei einer Art auftritt, bei einer nahe verwandten Art aber fehlt, eignet sich besonders gut für eine vergleichende Analyse. Man fragt, warum speziell dieses Verhalten für eine Art von Vorteil ist, für die andere jedoch nicht. Der Vergleich läßt Rückschlüsse auf die Selektionsfaktoren zu, die bei beiden Arten unterschiedlich wirken.

▲ Lachmöwen nisten in großen Gruppen in Dünen. Die Eier sind durch ihr Muster gut getarnt. Ist ein Küken geschlüpft, so wird die auffallend weiße Schaleninnenseite sichtbar. Die Möwen entfernen die leeren Eischalen innerhalb von zwei Stunden aus dem Nest (Abb. 120). Während des Abtransports bleiben die Jungvögel unbewacht und sind in Gefahr, von Räubern erbeutet zu werden. Warum gehen die Lachmöwen dieses Risiko ein? Dreizehenmöwen, die an steil zum Meer

Abb. 122
Biber bauen Dämme um den Wasserspiegel hoch genug für die Eingänge ihrer Wohnhöhlen und die Nahrungssuche zu halten.

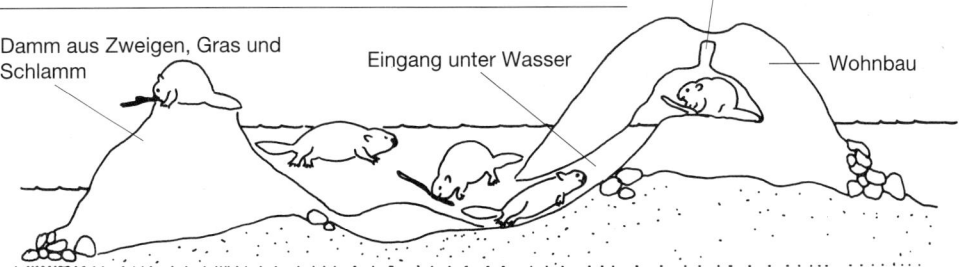

Ventilationsschacht

Damm aus Zweigen, Gras und Schlamm

Eingang unter Wasser

Wohnbau

abfallenden Felsklippen nisten, entfernen Schalenreste nicht. Der Nutzen des Schalenentfernens könnte darin liegen, daß gereinigte Nester weniger leicht entdeckt werden. Um diese Annahme zu prüfen, legte TINBERGEN Schalen in unterschiedlicher Entfernung von Nestern aus und protokollierte das Risiko für die Brut (Abb. 121). Das Ergebnis ist eindeutig. Je näher zu einem Nest Schalenreste liegen, desto größer ist die Wahrscheinlichkeit, daß Eier oder Küken entdeckt werden. Das Wegtragen der Schalen ist ein Beitrag zur Tarnung des Nestes und dient der Feindvermeidung. Am Nistplatz der Dreizehenmöwe ist die Brut weniger bedroht, der Nutzen des Schalenentfernens wäre gering. ▼

Arten passen die Umwelt ihren Bedürfnissen an

Eine andere Verhaltensstrategie ist, die Umwelt so zu verändern, daß Überleben und Fortpflanzung einer Art begünstigt werden. Viele Arten entwickelten Verhaltensweisen, die eine Anpassung der Umwelt an ihre Bedürfnisse zur Folge haben. ▲ Wenn ein Bach für die Bedürfnisse der Biber zu seicht ist, bauen sie aus Stämmen und Ästen einen Staudamm (Abb. 122), so daß oberhalb ein tiefer, ruhiger See entsteht. Alle mit dem Bauen zusammenhängenden Verhaltensweisen des Bibers beruhen auf phylogenetisch entstandenen Programmen. ▼
▲ Termiten regulieren die Temperatur ihrer Bauten durch komplizierte Lüftungssysteme. ▼

Strategien konkurrieren gegeneinander

Die Überlegungen der Verhaltensökologie basieren darauf, daß das Verhalten eines Tieres weniger durch ein System hierarchisch angeordneter Motivationen (S. 37) bestimmt wird, sondern daß es in jeder Situation aus einem reichen Repertoire an Handlungsanweisungen, sogenannten Strategien, wählen kann. Dabei hat nicht jedes Tier einer Art exakt dieselben Verhaltensprogramme; es gibt vielmehr in jeder Population unterschiedliche Strategien zur Bewältigung einer Aufgabe.

> Eine **Strategie** ist ein programmierter Verhaltensablauf, der in Konkurrenz zu anderen Programmen steht.

Strategien werden von Generation zu Generation weitergegeben und dabei durch die Selektion bewertet. Jede Strategie wird daran gemessen, wie groß der Überlebens- und
Fortpflanzungserfolg ihrer Träger ist. Erfolgreiche Strategien
werden innerhalb der Population häufiger, erfolglose Strategien verschwinden. Alternative Strategien stehen also in Kon-
kurrenz zueinander. Die Individuen werden als kurzlebige
Träger von Strategien aufgefaßt.

Eine Strategie muß sich lohnen

Das Modell der Verhaltensökologie hat den großen Vorteil,
daß man die Erfolgsaussichten einzelner Strategien voraus-
berechnen und das Ergebnis der Rechnung mit der Wirklichkeit vergleichen kann. Die Hypothese ist also in jedem einzelnen
Beispiel überprüfbar. Die Voraussage beruht auf einer nach
wirtschaftlichen Gesichtspunkten durchgeführten **Kosten-
Nutzen-Rechnung** mit möglichst vielen einzelnen Posten.
Dabei werden die Kosten einer Verhaltensweise gegen ihren
Nutzen aufgerechnet. Eine Verhaltensweise wird nur dann
bestehen, wenn der Nutzen langfristig die Kosten übersteigt.
▲ Krähen an Kanadas Westküste fressen große Wellhorn-
schnecken, die sie aus großer Höhe auf einen Stein fallen
lassen, um die Schalen zu zerbrechen (Abb. 123). Fliegt eine
Krähe nicht hoch genug, so zerbricht das Schneckenhaus nicht
(Abb. 124), es muß noch einmal abgeworfen werden. Fliegt
die Krähe zu hoch, so verbraucht sie unnötig Energie. Als
optimale Fallhöhe wurde eine Höhe von etwas über 5 m
berechnet. Tatsächlich fliegen die Krähen meist recht genau 5
m hoch zum Abwerfen (Pfeil). ▼
Ähnliche Berechnungen und Beobachtungen bei vielen Tierarten zeigen, daß diese Verhaltensprogramme mit optimaler
Kosten-Nutzen-Relation besitzen. Wenn es keine andere Strategie gibt, die zu größerer Eignung führt, wird eine Verhaltensweise als optimal bezeichnet.

Die Selektion belohnt Kompromisse

Jede Verhaltensweise hat zahlreiche Auswirkungen. Sie bringt
ihrem Träger Vor- und Nachteile.
▲ Intensives Balzen (Abb. 30) ist vorteilhaft für das Rotkehlchen, weil der laute Gesang oder auffällig zur Schau gestellte
Farben eher ein Weibchen anlocken. Beides kostet aber Kraft
und Zeit und lockt außerdem Feinde an. ▼

Abb. 123
*Krähen werfen Wellhornschnek-
ken aus großer Höhe ab, um die
Schalen zu zerbrechen.*

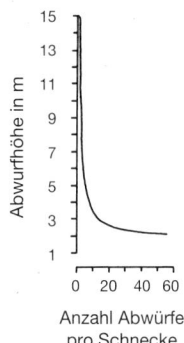

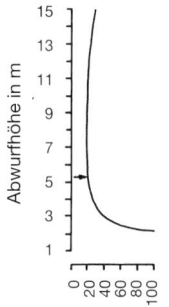

Abb. 124
*Bei geringer Abwurfhöhe sind vie-
le Abwürfe nötig, bis eine Schale
bricht. Bei steigender Höhe sinkt
die Zahl der benötigten Würfe auf
eins (oben). Die günstigste
Energiebilanz hat ein Abwurf aus
etwa 5 m Höhe (unten).*

95

Ein Tier, das auf Nahrungssuche geht, verbraucht Zeit und Energie und setzt sich der Gefahr aus, verletzt oder getötet zu werden; andererseits ist Nahrungssuche lebensnotwendig. Das Tier muß eine Strategie entwickeln, genügend Nahrung zu finden und dabei Gefahr und Energieaufwand zu minimieren. Ein knappe Nahrungsquelle aufzusuchen, in deren Nähe Feinde lauern, ist nicht vorteilhaft, wenn die Möglichkeit besteht, eine ergiebigere oder sicherere Futterstelle zu finden. Meist heißt jedoch die Alternative, einen reichen Futterplatz am gefährlichen Ort aufzusuchen oder einen weniger ergiebigen am sicheren Ort. Jedes Individuum muß eine Strategie zur Lösung dieser Aufgabe entwickeln.

Ein **Optimalitätsmodell** versucht vorauszusagen, welcher Kompromiß zwischen Kosten und Nutzen einer Verhaltensweise dem Individuum den höchsten Gewinn bringt.

7.5 Spieltheorie

Verhaltensstrategien lassen sich mathematisch durchspielen

Die Spieltheorie entwickelte sich als Zweig der Mathematik. Sie erwies sich in der Verhaltensbiologie besonders fruchtbar zur Untersuchung der Evolution von Verhaltensstrategien. Die Spieltheorie stellt sich die Evolution als Spiel vor, in dem die Individuen einer Population mit verschiedenen Strategien gegeneinander antreten. Das Verhalten der Spielpartner ist „quasirational"; sie verhalten sich so, als träfen sie vernünftige strategische Entscheidungen, als ob jedes Individuum sein Verhalten nach dem Ergebnis einer Kosten-Nutzen-Rechnung ausrichte. Durch Computersimulation wird der Erfolg der verschiedenen Strategien ermittelt und verglichen. In der nächsten Runde sind erfolgreiche Strategien häufiger vertreten als schlechter abschneidende.

Das Falken- und Taubenspiel ist ein Konfliktmodell

Eines der interessantesten Evolutionsspiele ist das **Falken- und Taubenspiel**. Die einfachste Spielvariante geht davon aus, daß Tieren einer Population bei einer Auseinandersetzung mit Rivalen zwei unterschiedliche Strategien zur Verfügung stehen: „Falke" und „Taube". (Die Namen bezeichnen

Tab. 3
Punkteverteilung im Falken-Taubenspiel:

	Punkte
Gewinner	+50
kampfloses Aufgeben	0
Verletzung	-100
Kommentkampf	-10

Um das Rechnen einfach zu gestalten, wurden im Modell runde Zahlen gewählt.

Gegner / Angreifer	Falke	Taube
Falke	-25	+50
Taube	0	+15

Tab. 4
Bilanzmatrix im Falken- und Taubenspiel. Die Punkte geben die durchschnittliche Bilanz einer Auseinandersetzung für den jeweiligen Angreifer an.

hier nicht zwei Vogelarten, sondern zwei Spielstrategien!)
Die Tauben imponieren und drohen, lassen sich aber nie auf
einen Kampf ein. Die Falken kämpfen bis der Gegner flieht
oder sie selbst kampfunfähig sind. Beide Strategien sind
erblich. In diesem Modell verteilt die Selektion Fitness-Punk-
te (Tab. 3). Ein Sieg in einer Auseinandersetzung erhöht die
Fitness, eine Verletzung vermindert sie. Langes Drohen vermindert die Fitness etwas durch den Aufwand an Zeit, kampf-
loses Aufgeben hat keine Konsequenzen. Die Bilanz am Ende
des Kampfes ist ein Maß für die Fitness der Individuen (Tab.
4 und 5).

Stabile Strategien setzen sich durch

Die optimale Strategie wäre, Falke in einer Population von
Tauben zu sein (+50 in Tab. 4). Dieser Falke wird alle Kämpfe
gewinnen. Weil er sich immer durchsetzt, wird er viele Nachkommen haben, die Zahl der Falken in der Population wird mit
der Zeit steigen. In Zukunft werden Falken also immer häufiger auf andere Falken treffen, sie können sich immer seltener
kampflos durchsetzen, ihre Fitness wird sinken.
Umgekehrt hätte in einer Population von Falken eine einzelne
Taube die höchste Fitness: Sie erreicht zwar nur 0 Punkte, das
ist aber mehr als die –25 eines Falken unter lauter Falken. In
einer Falkenpopulation können sich also die Tauben über-
proportional vermehren! Stabile Verhältnisse gibt es irgendwo in der Mitte. Das Gleichgewicht stellt sich an dem Punkt
ein, an dem die durchschnittlichen Bilanzen für Tauben und
Falken identisch sind. Bei der in Tabelle 3 angenommenen
Punkteverteilung liegt das Gleichgewicht bei einem Verhältnis von sieben Falken zu fünf Tauben (Tab. 6). Diese Verteilung gibt die einzige evolutionsstabile Strategie (ESS) wieder.
Bei diesem Verhältnis ist die durchschnittliche Prämie für
Falken gleich groß wie für Tauben; beide Alternativen ver-
sprechen den gleichen Erfolg.

Eine Strategie muß gegen Verrat gesichert sein

Die Konsequenzen dieses Spieles sind weitreichend:
In einer Population wird sich nicht diejenige Strategie durchsetzen, die das Wohl der Gemeinschaft am besten sichert (das
wäre der Fall, wenn alle Tiere Tauben wären), sondern
diejenige, die **evolutionär stabil** ist. Stabil ist die Strategie,
die **gegen Verrat von innen sicher** ist. Eine Population aus

Tab. 5
*Berechnung der durchschnittli-
chen Punktewertung der Angreifer:*

Falke - Falke:
Ein Falke gewinnt durchschnitt-
lich die Hälfte der Kämpfe und
wird bei der anderen Hälfte verletzt:
1/2(50)+1/2(-100)= -25

Falke - Taube:
Der Falke gewinnt immer: +50

Taube - Falke:
Die Taube gibt kampflos auf: 0

Taube - Taube: Die Taube gewinnt die Hälfte der
Kommentkämpfe, die andere
Hälfte gibt sie auf:
1/2(50-10)+ 1/2(-10) = +15

Tab. 6
*Errechnung der Zahlen-
verhältnisse der ESS*

Größe der Population = 1
Anteil der Falken: f
Anteil der Tauben: t = 1 - f
Bilanz der Falken :
 F= -25f + 50(1-f)
Bilanz der Tauben:
 T= 0f + 15(1-f)
ESS ist definiert: F = T
-25f + 50(1-f) = 15(1-f)
f = 7/12
t = 5/12

Weitere Simulationen der Spiel-
theorie:
Festlegung der Reviergröße
Abb. 170 (S. 124),
Aggressivität als Verhaltens-
strategie Abb. 175 (S. 128),
Altruismus und Egoismus
S. 133 - 138.

lauter Tauben kann nicht stabil sein, weil ein einziger (durch Mutation entstandener oder von außen eingedrungener) Falke die Ordnung zerstören kann; eine reine Falkenpopulation kann dagegen von Tauben unterwandert werden. Die Mischstrategie ist weder von neu auftretenden Falken noch von Tauben aus dem Gleichgewicht zu bringen.

> Die **ESS** ist nicht immer die für die Art optimale, sondern die gegen Verrat von innen sichere Strategie.

Tiere einer Population verfolgen verschiedene Strategien

Während die klassische Ethologie die arttypischen Verhaltensweisen betont, zeigt das Modell des Falken-Tauben-Spiels, daß es manchmal die **Unterschiede** innerhalb einer Population sind, die die Gemeinschaft stabilisieren. Welche Strategie für ein einzelnes Tier optimal ist, hängt auch davon ab, wie sich der Rest der Population verhält. Der Vorteil einer Verhaltensweise verringert sich mit der Anzahl der Individuen, die dasselbe Verhalten zeigen. Evolutionär stabil sind oft – aber nicht immer – gemischte Strategien.

Das Falken-Tauben-Spiel kann erweitert und modifiziert werden:
1. Die Bewertungen (Punkte in Tabelle 3) werden verändert:
   ▲ Gibt man einer Verletzung mehr Minuspunkte, so werden die Falken seltener; bewertet man Siege höher, so werden sie häufiger. ▼
2. Die Zahl der Strategien wird erweitert:
   ▲ Der „Angeber" beginnt als Falke, läuft aber davon, wenn sich der Rivale dem Kampf stellt; der „Rächer" beginnt als Taube, geht aber zum Kampf über, wenn das der Andere auch tut. Beide Strategien sind instabil. ▼
3. Schwieriger wird das Spiel, wenn jedes Individuum je nach Spielsituation verschiedene Strategien anwenden kann.
4. Die Ausgangslage – bisher wurden gleich starke Gegner angenommen – wird asymmetrisch:
   ▲ Der Revierbesitzer kämpft immer wie ein Falke, der Herausforderer beläßt es beim Imponieren; oder der Stärkere (oder Ältere, oder Größere) kämpft, der Schwächere (Jüngere, Kleinere) zieht sich zurück. ▼

Literatur:
Richard Dawkins: Das egoistische Gen. Berlin, Heidelberg, New-York 1978.
Wolfgang Wickler und Uta Seibt: Das Prinzip Eigennutz. Hamburg 1977.

8 Fortpflanzungsverhalten

8.1 Balz und Paarung

Balzende Tiere machen auf sich aufmerksam

Angehörige einer Art müssen sich zur Fortpflanzung treffen. Selbst dort, wo die Befruchtung außerhalb der Tiere im Wasser stattfindet, so bei Quallen, Seeanemonen und vielen Fischen, müssen Männchen und Weibchen zusammenfinden, um ihre Keimzellen gleichzeitig am gleichen Ort abzugeben. Viele Tiere haben besondere Verhaltensweisen zum **Anlokken** eines Gefährten. Lockstoffe (Pheromone), Balzgesänge, Balzflüge oder Balztänze (Abb. 125) führen die Partner zusammen.

▲ Läufige Hündinnen locken durch ihre Ausscheidungen Rüden der ganzen Umgebung an. ▼

▲ Heuschrecken und Singvögel locken durch ihren Gesang. ▼

▲ Glühwürmchen machen durch Blinken auf sich aufmerksam. ▼

Diese Äußerungen sind meist auf ein Geschlecht und auf die Fortpflanzungszeit beschränkt:

▲ Vor dem Eisprung, wenn eine Befruchtung möglich ist, zeigen weibliche Schimpansen auffällige Genitalschwellungen. ▼

Viele Männchen tragen zur Fortpflanzungszeit ein Hochzeitskleid, das auf Weibchen eine anziehende Wirkung ausübt.

> Verhaltensweisen, die zur Paarung führen oder der Paarbildung dienen, gehören zum **Balzverhalten**; bei Säugetieren spricht man von **Brunstverhalten**.

Meist geht der Balz ein Appetenzverhalten voran. Teil dieser Appetenz kann die Gründung eines Reviers (S. 121) sein.

Balz dient dem Erkennen

Neben dem Zusammenfinden ist das **Erkennen** geeigneter Partner von Bedeutung. Geeignete Gefährten gehören zur gleichen Art, zum anderen Geschlecht und sind paarungsbereit.

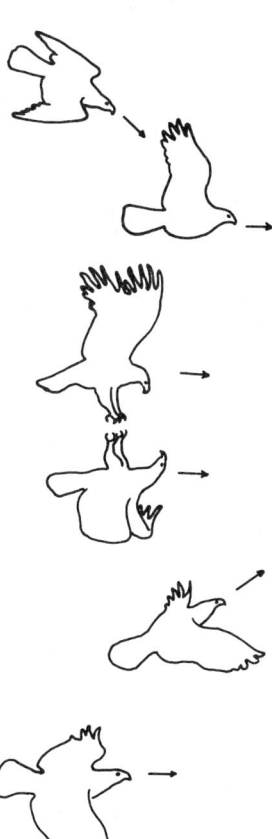

Abb. 125
Adler und Bussarde (abgebildet sind Kaiseradler) zeigen während der Balz auffallende Flugspiele. Sie steigen in Spiralen auf und stoßen im Sturzflug aufeinander herab. Bei einem dieser **Balzflüge** *steigt ein Partner über den anderen und stürzt auf diesen herab. Dieser dreht sich auf den Rücken und streckt dem Partner die Krallen entgegen. Die Vögel verkrallen sich kurz, lösen sich dann wieder voneinander und führen andere Flugspiele aus.*

Abb. 126
Die Beuteübergabe im Flug ist Teil der Balz des Wanderfalken. Der männliche Vogel übergibt seinem Weibchen eine Beute.

Scheinkampf

Laufschlag

Abb. 127
Die Balz der Oryx-Antilope enthält ritualisierte Aggressionshandlungen, wie den einleitenden Scheinkampf und den Laufschlag.

– Auffällige Farbmuster, Lautfolgen, Lockstoffe und Bewegungsfolgen ermöglichen ein eindeutiges **Erkennen der Art**. Die Balz stellt damit sicher, daß sich nur Artgenossen paaren.

▲ Kröten reagieren nur auf das Quaken der eigenen Art. ▼
▲ Singvögel beantworten nur arteigene Gesänge. ▼

Komplizierte und stereotype Rituale mit doppelten Handlungsketten machen einen Irrtum unwahrscheinlich (Abb. 25, 45 und 125).

Balzen Tiere mit unterschiedlichem Verhaltensinventar, so brechen die Handlungsketten bald ab, weil ein auslösender Reiz ausbleibt (Stichling S. 35). Das Balzverhalten ist damit ein Isolationsfaktor.

– Ebenso wichtig ist das **Erkennen des Geschlechts**. Bei manchen Tieren sehen Männchen und Weibchen gleich aus; die Balz stellt sicher, daß sich Tiere verschiedenen Geschlechts paaren.

▲ Erdkrötenmännchen springen im Frühjahr jedem Tier auf den Rücken. Erwischen sie dabei ein Männchen, wehrt es sich, während ein Weibchen sie zum Laichplatz trägt (Abb. 130). ▼

– Auch die **Synchronisation** der sexuellen Erregung ist ein Ziel der Balz. Oft stimmen sich die Partner durch häufige Wiederholung gleicher Verhaltensabläufe aufeinander ab. So werden beide gleichzeitig zur Paarung bereit (Abb. 125, 127 und 130).

Balzen besänftigt Abwehr- und Fluchtverhalten

Wenn Weibchen und Männchen einer Art zusammentreffen, so erfolgt zuerst eine Phase der Werbung. Die Werbung liegt jedoch oft im Konflikt mit dem Revierverhalten (S. 121). Vor allem bei extremen Einzelgängern wie Feldhamster oder Kuckuck ist die Kontaktscheu gegenüber allen Artgenossen groß. Doch auch gesellig lebende Tiere reagieren bei Unterschreiten der kritischen Distanz mit Angriff oder Flucht. Eine der Hauptaufgaben des Balzverhaltens ist es, Aggression und Furcht zu unterdrücken und Körperkontakte möglich zu machen. Alle Werberituale enthalten **beschwichtigende Gesten**. Die Überwindung des Abstands geschieht manchmal durch aus der Brutpflege entlehnte Verhaltensweisen (Abb. 128). Auch die Übergabe von Nahrung oder Nistmaterial an das Weibchen (Abb. 118, 126 und 129) leitet sich vom Füttern der Jungen und vom Nestbau ab.

▲ Seeschwalben-Männchen überbringen ihren Weibchen einen Fisch, Graureiher bringen einen Schilfhalm mit. ▼
Zu den Annäherungsritualen vieler Tiere gehören Beschwichtigungsgesten, welche die Aggressivität blockieren.
▲ Lachmöwen wenden bei der Balz den Schnabel ab. ▼
Die Aggression kann zu einem Scheingefecht ritualisiert werden, das die Angriffslust befriedigt, ohne zu verletzen.
▲ Bei Hornträgern ist das Paarungszeremoniell eine ritualisierte Form der Auseinandersetzung (Abb. 127). ▼

Abb. 128
Hamster-Männchen besänftigen die revierbesitzenden Weibchen durch ritualisierte, fiepende Laute von Nestlingen.

Balz ist ein Wettbewerb um Geschlechtspartner

Nach der Theorie des Elternaufwandes ist die Balz vor allem ein Wettbewerb um geeignete Geschlechtspartner; die Geschlechter sind Teilhaber eines Zweckbündnisses, die zusammenarbeiten müssen, weil sie nur gemeinsam ihre Gene an Nachkommen weitergeben können. Innerhalb der Allianz versucht jeder Partner, seinen eigenen Fortpflanzungserfolg – auch auf Kosten des anderen – zu maximieren. Ein Männchen kann weit mehr Eier befruchten, als ein Weibchen herstellt. Daher sind Weibchen und ihre Eier eine knappe Ressource, um die mehrere Männchen **konkurrieren**.

Die Interessen der Partner gehen weit auseinander:
– Das Männchen erhöht seinen Fortpflanzungserfolg, indem es möglichst viele Eier besamt. Es investiert daher viel Zeit und Energie in die Revierverteidigung, den Kampf gegen Konkurrenten, Balz und Paarung.
– Das Weibchen investiert viel in die Herstellung der Eier und die Pflege der Nachkommen. Ihm bringt es nur wenig Vorteil, sich mit mehreren Partnern zu paaren. Es erhöht seine Fitness, wenn es den Vater seiner Kinder sorgfältig auswählt. Weibchen sind daher in Bezug auf einen Partner meist wählerisch.

Das Männchen übergibt seine Beute.

Dann steigt es unter Flügelschlagen auf den Rücken des Weibchens

und beißt sich im Nackengefieder fest.

Die Balz ermöglicht ein **Einschätzen** des Partners:
– Weibchen müssen unter den Bewerbern wählen, sie sind daher zu Beginn der Balz zurückhaltend. Meist fällt ihre Wahl auf ein gesundes, kräftiges Männchen, das ein großes, ergiebiges Revier und gegebenenfalls Ausdauer bei der Brutpflege einbringt.
– Männchen dagegen vergewissern sich – zum Beispiel durch eine längere Verlobungszeit – ob das Weibchen schon besamt ist, da sonst ihr Aufwand bei der Brutpflege den Nachkommen eines Konkurrenten zugute kommt.

Abb. 129
Das Schleiereulen-Weibchen fordert das Männchen durch bettelnde Schnarchlaute zur Begattung auf. Die Übergabe der Beute leitet die Paarung ein.

Abb. 130
Das Kröten-Weibchen zeigt mit einem Durchbiegen des Rückens dem auf ihm reitenden Männchen an, daß die Eiabgabe unmittelbar bevorsteht.

Abb. 131
Ein Meisenweibchen fordert durch seine Haltung zur Paarung auf.

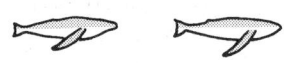

Das Männchen folgt dem Weibchen, bis dieses sich auf die Seite dreht.

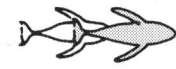

Sie schwimmen Bauch an Bauch weiter.

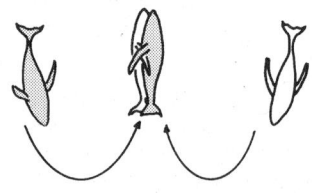

Zur Paarung stellen sie sich senkrecht.

Abb. 132
Paarungsritual der Buckelwale

Die Begattung folgt geschlossenen Programmen

Die Begattung kommt im allgemeinen nur dann zustande, wenn beide Partner sie anstreben. Ausnahmen davon sind selten.
▲ Bei Vögeln und Säugetieren zeigen die Weibchen durch die Paarungsstellung an, daß sie zur Paarung bereit sind (Abb. 131).▼
Bei den meisten Tieren folgt das Paarungsverhalten geschlossenen Verhaltensprogrammen (Abb. 130 und 132). Bei manchen Primaten sind jedoch isoliert aufgezogene Männchen bei den ersten Paarungsversuchen ungeschickt. Bei ihnen ist soziales Lernen nötig.

8.2   Paarbildung und Paarbindung

Manche Tiere bilden feste Paare

Bei Vögeln und Fischen häufig, seltener bei Säugetieren, entsteht eine länger dauernde Paarbildung.
▲ Amseln, Spatzen und Grasmücken führen eine Saisonehe, die eine Brutperiode dauert. ▼
▲ Störche führen eine Ortsehe. Storch und Störchin, die das gleiche Nest bewohnen, erkennen einander als Partner an. ▼
▲ Eine Dauerehe führen neben vielen Vogelarten wie Adler und Kolkraben auch Füchse, Biber und Gibbons. Graugänse „verloben" sich im Herbst ihres zweiten Lebensjahres und bleiben von nun an ein Leben lang beieinander. ▼
Das Leben in einer Einehe (Monogamie) kann für beide Partner Vorteile haben:
– Bei Vögeln wird der Fortpflanzungserfolg durch die eingetragene Futtermenge bestimmt. Beide Partner erhöhen ihre Fitness, wenn sie die Nachkommen gemeinsam füttern und betreuen.
– Bei Dauerehen werden in der nächsten Brutperiode Balz und Partnersuche eingespart. Die Brut kann früher beginnen.
– Das Männchen eines monogamen Paares kann sicher sein, daß alle Jungtiere im Revier seine Nachkommen sind.
– Nicht zuletzt dient die Paarbindung dem gegenseitigen Schutz.

Säugetiere leben meist polygam

Bei Säugetieren sind feste Paare die Ausnahme. Säugetiere verbringen ihre Embryonalzeit im Körper des Weibchens, anschließend werden sie von diesem gesäugt. Das Männchen kann unmittelbar zur Betreuung der Nachkommen wenig beitragen.
▲ Schimpansen leben – wie die meisten Säugetiere – in völlig ungebundenen Geschlechtsbeziehungen (Promiskuität). ▼

Allgemein sind es die Weibchen, die über die Eheform entscheiden. Die Männchen können durch Vorleistungen – Eroberung eines großen Reviers mit reichen Nahrungsquellen oder Unterdrücken von Rivalen – die Wahl beeinflussen. Die Weibchen entscheiden stets nach ihrer Fitness. Haben sie oder ihre Jungen Vorteile, wenn sich das Männchen um sie kümmert, so ist die Einehe (Monogamie) für sie die günstigste Eheform. Bietet ein Revier ungleich viel mehr Platz und Nahrung als ein anderes, kann Vielweiberei (Polygynie) günstiger für sie sein.
▲ Zebras und Hühner leben polygyn in Haremsverbänden. ▼
Bei vielen Säugetieren – Antilopen, Rindern, Robben – leben die Weibchen in Gruppen, um sich und ihre Jungen gegenseitig zu schützen. Der exklusive Zugang zu einer solchen Gruppe erhöht die Fitness eines Männchens entscheidend.
▲ Löwinnen leben in Rudeln (S. 112). Die Teilhabe an einer solchen Fortpflanzungsgemeinschaft ist für Männchen äußerst begehrenswert. Sie führen blutige Kämpfe um ihren „Besitz"– die Löwinnen beteiligen sich nicht daran. Allerdings ist das Leben eines Haremsbesitzers – vor allem wegen ständiger Rivalenkämpfe – so aufreibend, daß ein Löwe diese Aufgabe nur recht kurze Zeit leisten kann. ▼

Bindende Verhaltensweisen festigen das Band

Bei Tieren, die gemeinsame Brutpflege betreiben, stiftet die Werbung die individuelle Bekanntschaft zwischen den Partnern, die den Zusammenhalt der Partner ermöglicht und festigt.
Besondere Balzrituale – Balzfüttern, Gefiederpflege – dienen hier auch der **Paarbindung**.
▲ Das Triumphgeschrei der Gänse (Abb. 133) steht im Dienst der Paarbindung. Wenn ein Gänsepaar in die Nähe eines fremden Artgenossen kommt, rennt der Ganter mit vorgestrecktem Hals auf den Fremden los, danach kehrt er um und

Das Männchen droht

und kämpft mit einem echten oder eingebildeten Gegner.

Dann kehrt es zum Weibchen zurück

und verkündet mit Geschrei seinen Sieg. Beide schnattern.

Abb. 133
Das Triumphgeschrei der Graugänse ist das wichtigste Band zwischen den Ehepartnern.

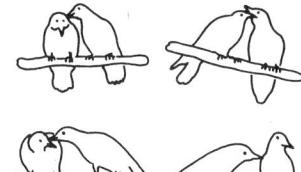

Abb. 134
Kolkraben suchen manchmal schon im ersten Lebensjahr einen Partner, auch wenn sie sich erst als Erwachsene endgültig binden. Die Gefährten kraulen sich häufig gegenseitig im Gefieder. Das Gefiederkraulen dient ursprünglich der Körperpflege. Als Ritual bindet es das Paar aneinander.

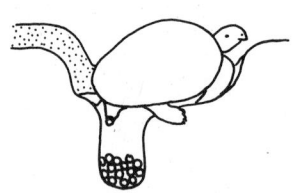

Abb. 135
Die Suppenschildkröte verbringt ihr Leben schwimmend im Ozean. Ihre Eier legt sie an Land ab. Sie hebt im Sand eine etwa 1 m tiefe Grube für ihr Gelege aus.

Abb. 136
Die Straußenhenne spendet ihren Jungen Schatten. So können die Kleinen die intensive Strahlung der Savanne aushalten.

eilt zu seiner Gattin zurück. Nun stoßen beide ein lautes Triumphgeschrei aus. Ein Paar, das zusammen diese Zeremonie durchgeführt hat, ist fürs Leben aneinander gebunden. Das Ritual wird häufig wiederholt, um sich der gegenseitigen Zugehörigkeit zu versichern. ▼

▲ Gefiederkraulen (Abb. 134) hat bei vielen Vögeln die Bedeutung, Paare enger aneinander zu binden. ▼

Eine Dauerehe ist nur möglich, wenn sich die Partner persönlich kennen und allen anderen Artangehörigen vorziehen. So kann ein Männchen gegenüber allen anderen Tieren seiner Art aggressiv sein; sein Weibchen ist das einzige Wesen, das es beschützt, mit dem es balzt und sich paart.

8.3 Brutpflegeverhalten

Brutfürsorge schafft gute Bedingungen für den Nachwuchs

Die Jungtiere der meisten Tierarten kommen nie in Berührung mit ihren Eltern. Wenn sie aus dem Ei schlüpfen, sind ihre Eltern an einem anderen Ort oder schon tot. Aber auch sie kommen in Genuß elterlicher **Vorsorge**. Die Eizellen werden mit Dotter angereichert, und ein geeigneter Ort für die Eiablage wird ausgewählt.

▲ Frösche, Kröten und Molche, die sich überwiegend an Land aufhalten, suchen zur Eiablage Gewässer auf. ▼

▲ Meeresschildkröten verlassen ihren Lebensraum und vergraben ihr Gelege im Sand (Abb. 135). ▼

Der Ort soll Schutz, günstige Temperaturen, gegebenenfalls auch Nahrung bieten. Viele Insektenarten suchen für ihre Nachkommen die richtige Nahrung aus.

▲ Tagpfauenaugen suchen zur Eiablage Brennessel- oder Hopfenpflanzen, die Nahrungspflanzen der Raupen, auf. ▼

▲ Schlupfwespen legen ihre Eier mit einem langen Legestachel in Blattläuse, die ihren Jungen als Nahrung dienen. ▼

Besonders eindrucksvoll ist die Brutvorsorge der Vögel. Vor dem Ablegen der Eier bauen sie zum Teil sehr kunstvolle Nester. Die höchstentwickelte Form der Keimversorgung ist bei höheren Säugetieren, den Plazentatieren, die Ernährung des Embryos durch die *Plazenta*.

Brutpflege gibt Nahrung, Schutz und Information

Wo Eltern Kontakt mit ihren Nachkommen haben, können sie diesen **Wärme**, **Nahrung** und **Schutz**, oft auch **Hygiene** und **Informationen** geben (Abb. 136 - 138).

– Vögel schaffen **Nahrung** im Schnabel oder im Kropf heran; Säugetiere versorgen ihre Kinder mit Milch, die der mütterliche Körper bildet. Sonst gibt es nur wenige Tiere, die ihren Nachwuchs füttern; so staatenbildende Insekten wie Bienen, Ameisen und Termiten.

– Warnen, Verteidigung und frühzeitige Flucht bieten den Jungtieren **Schutz**: Tiere, die Junge führen, haben eine erhöhte Fluchtdistanz und sind angriffslustiger als sonst.
▲ Hühner gehen lautlos in Deckung, wenn sich ein Habicht nähert. Eine Glucke, die Junge führt, breitet ihre Flügel aus, kreischt laut und stellt sich zum Kampf. ▼
▲ Skorpione tragen ihre Jungen auf dem Rücken. ▼
▲ Maulbrüter, Seepferdchen und Beuteltiere bieten ihren Nachkommen Schutz im Körper eines Elternteils. ▼

– Jungtiere können von ihren Eltern oder anderen Gruppenmitgliedern **Traditionen** übernehmen. Das Warnen ist eine wichtige Informationsübertragung von Mutter zu Kind. Durch den Warnruf verknüpft das Junge einen vorher neutralen Reiz mit einer Gefahrensituation. Dadurch werden ihm zukünftige Gefahren erspart. Viele Tiere bleiben viel länger bei der Mutter, als von der Ernährung her nötig wäre, um von ihr zu lernen.
▲ Das Dreizehenfaultier wird vier Wochen gesäugt und fünf Monate von der Mutter herumgetragen. Dabei sammelt es Erfahrungen über Nahrungspflanzen und Ruheplätze. ▼

Abb. 137
Das auf dem Weibchen sitzende Männchen der Geburtshelferkröte befruchtet die Eier bei Austritt aus der Kloake; es wickelt die Laichschnüre um seine Hinterbeine und trägt sie mit sich herum.

Bei den Primaten hält die persönliche Bindung an den Familienverband lange Zeit an. Die Kinder wachsen im Schutz der Gruppe heran und lernen viele Verhaltensweisen durch Nachahmung.

Nur manchmal teilen sich die Eltern die Brutpflege

Zwischen den beiden Partnern eines Paares gibt es einen Interessenkonflikt darüber, wer den Hauptanteil der Brutpflege zu tragen hat. Auffällig ist, daß oft derjenige Partner die Brutpflege übernimmt, der zuletzt bei den Eiern ist. Das ist bei Tieren mit äußerer Befruchtung der Vater, bei Tieren mit innerer Befruchtung die Mutter.

Nach einem stundenlangen Balz-
spiel

dreht sich das Seepferdchenpaar
Bauch an Bauch. Das Weibchen
spritzt mit seinem ausgestülpten
Eileiter in wenigen Sekunden die
Eier in die Tasche des Männ-
chens.

Nach etwa vier Wochen verlassen
schwimmfähige Seepferdchen die
Tasche.

Abb. 138
*Balz und Brutpflege beim See-
pferdchen*

Vaterfamilien gibt es beim Stichling (S. 21, 34 und 35) und
beim Seepferdchen (Abb. 138). Auch bei Wanzen, Spinnen,
Fischen, und Amphibien gibt es Arten, bei denen die Männchen die Eier tragen und verteidigen.

▲ Männliche Seepferdchen tragen am Bauch eine Brusttasche,
in der die Weibchen ihre Eier ablegen. Dort schlüpfen die
Jungen und verlassen sie etwa vier Wochen später. ▼

Häufiger ist die **Mutterfamilie**. Bei fast allen Säugetieren
übernimmt das Weibchen die Pflege der Jungen.

Elternfamilien sind bei Vögeln die Regel, kommen aber auch
bei Fuchs, Wolf und bei Gibbons vor. Bei ihnen investieren
beide Partner etwa gleich viel in die Fortpflanzung. Oft
übernehmen beide Elternteile verschiedene Rollen:

▲ Dompfaff-Weibchen brüten allein, ihre Männchen versorgen sie mit Nahrung. ▼

▲ Beim Kaiserpinguin brütet das Männchen bei eisiger Kälte
allein, das Junge wird jeweils für einige Wochen abwechselnd
von Vater und Mutter gefüttert und gewärmt. ▼

▲ Bei Greifvögeln bewacht das Männchen den Nestbezirk und
fängt Beute, das Weibchen zerlegt die Beute in mundgerechte
Portionen und füttert die Jungen. ▼

Mehrere Nachkommen müssen sich die Elternliebe teilen

Unter dem Elternaufwand versteht man die Summe der An-
strengungen und Risiken, die Eltern für ihren Nachwuchs
aufbringen. Der Elternaufwand hat für jede Art eine Obergrenze und muß daher unter den Nachkommen gut aufgeteilt
werden.

Manche Tierarten verteilen ihren Aufwand auf möglichst
viele Nachkommen (r-Strategen), während andere ihre Fürsorge auf ganz wenige Kinder (K-Strategen) beschränken.

▲ Austern geben viele Millionen Eier und Samenzellen ins
Meer ab, der Lengfisch legt 20-60 Millionen Eier. ▼

▲ Gorillas haben alle fünf bis sechs Jahre ein Kind. ▼

Die Reduktion der Nachkommenzahl wird durch intensive
Brutfürsorge ausgeglichen. Eine Tendenz zu intensiverer Brutpflege und kleinerer Nachkommenzahl gibt es als konvergente
Entwicklung in vielen verschiedenen Tiergruppen, nicht nur
bei großen Säugetieren wie Elefanten, Walen und Gorillas,
sondern auch bei vielen Vögeln, bei Fröschen und Buntbarschen.

> Tiere mit intensiver Brutpflege haben weniger Nachkommen als solche ohne oder mit geringer Brutpflege.

Die Interessen von Eltern und Jungen stimmen nicht immer voll überein. Mütter zwingen ihre Kinder manchmal, feste Nahrung zu sich zu nehmen, bevor es diese freiwillig tun (**Generationenkonflikt**, Abb. 139).
– Die Mutter muß ihren Aufwand gering halten und ihn auf möglichst viele Nachkommen gleichmäßig verteilen.
– Das Kind dagegen will möglichst lange in den Genuß der elterlichen Fürsorge kommen.

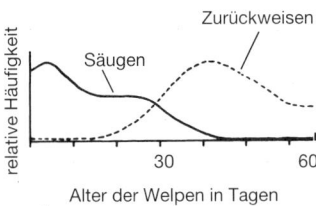

Abb. 139
Neugeborene Hunde dürfen saugen sooft sie wollen; nach zwei Wochen beginnt die Mutter sie zurückzuweisen.

Bei Vögeln und Säugetieren gibt es Nesthocker, Nestflüchter und Traglinge

– Frischgeschlüpfte Singvögel sind unbefiedert, blind und unfähig sich zu orientieren oder sich fortzubewegen (Abb. 140). Als **Nesthocker** sind sie ganz auf Fütterung und Erwärmung durch ihre Eltern angewiesen. Auch unter den Säugetieren, zum Beispiel bei Mäusen, Eichhörnchen und Katzen, gibt es Nesthocker. Eine wichtige Verhaltensweise der Nesthocker ist die Tragstarre der Säuglinge. Die Mütter fassen die Jungtiere vorsichtig mit dem Maul an der Rückenhaut; die Jungen verfallen in Tragstarre, dabei lassen sie die Beine schlaff hängen.
– Gänseküken sind **Nestflüchter**. Beim Schlüpfen tragen sie ein Daunenkleid, ihre Augen sind geöffnet, sie können laufen. Ihr Futter suchen sie unter Anleitung des Muttertieres selbst. Auch viele schnell laufende und schwimmende Säugetiere (z.B. Huftiere und Wale) sind Nestflüchter. Rehe legen ihre lauffähigen Jungen an einem Ort ab und suchen sie zum Säugen auf. Bei Elefanten, Pferden und Wildschweinen folgen die Säuglinge vom ersten Tag an der Mutter.
– **Traglinge** kommen bei fliegenden und kletternden Säugetieren vor: bei Fledermäusen, beim Koala, bei Faultieren, manchen Halbaffen und den Affen (Abb. 141). Sie können den Müttern nicht selbst folgen, werden aber im Fell mitgetragen und klammern sich am Haarpelz der Mutter fest.

Abb. 140
Frisch geschlüpfte Jungvögel: Nesthocker (Wendehals) und Nestflüchter (Kiebitz)

Menschenkinder ähneln am meisten dem Tragling. Das zeigt nicht nur der Klammerreflex der Hände (S. 90). Eine angepaßte Traghaltung ist wohl das bei Naturvölkern verbreitete

Tragen auf der Hüfte. Säuglinge bringen, wenn sie hochgehoben werden, die Beine in eine gespreizte, dem Hüftsitz angepaßte Hockstellung. Der menschliche Säugling ist also ursprünglich ein passiver Tragling, der zum **sekundären Nesthocker** geworden ist.

Die ersten sechs oder sieben Monate trägt die Schimpansenmutter ihr Junges am Bauch. Das Kleine krallt sich an den Haaren fest.

Bis es etwa ein Jahr alt ist, reitet es auf dem Rücken.

Danach bewegt es sich immer häufiger selbständig fort, bleibt aber noch viele Jahre stets in der Nähe der Mutter.

Abb. 141
Schimpansenkinder sind Traglinge.

Primaten brauchen die Geborgenheit der Mutter

Das Aufwachsen im Familienverband hat große Bedeutung für die Entwicklung artgemäßer Verhaltensweisen. Tiere, die ohne Kontakt mit Artgenossen aufgezogen wurden (Kaspar-Hauser-Experiment S. 60), zeigen oft schwere Verhaltensstörungen. Sie kennen keinen Ort der Geborgenheit bei Gefahr. Das ist vor allem bei Tierarten mit engen sozialen Beziehungen der Fall.

> Verhaltensstörungen, die als Folge sozialer Isolation im frühen Kindesalter auftreten, faßt man als **Deprivationssyndrom** zusammen.

▲ Junge Rhesusaffen, die ohne Mutter aufwuchsen, sind unsicher und furchtsam (Abb. 142). Sie bleiben teilnahmslos und zeigen kaum Neugier- und Erkundungsverhalten. Ihre Bewegungen sind oft zwanghaft und stereotyp. Meist sitzen sie zusammengekauert in einer Käfigecke und umklammern ihren Leib mit den Armen. Wenn sie mit Artgenossen zusammengebracht werden, entwickeln sie kein normales Sozialverhalten und bleiben Außenseiter. Die Männchen sind unfähig zu kopulieren; die Weibchen sind ihren Kindern gegenüber gleichgültig oder aggressiv. ▼

▲ In Menschenobhut aufgezogene Menschenaffen können ihre eigenen Kinder nicht aufziehen. Offensichtlich lernen sie die Brutpflege durch Imitation. ▼

Auch für Menschen ist beim Heranwachsen die Bindung an eine Person von großer Bedeutung. Die Qualität dieser Beziehung stellt Weichen für die weitere Entwicklung des Kindes, für seine Gefühlsentwicklung und seine Selbständigkeit. Ohne eine vertrauensvolle Bindung werden viele Entwicklungsschritte gestört oder verhindert, zum Beispiel die Bereitschaft, sich anderen Menschen, neuen Gegenständen und Situationen zuzuwenden und sie zu erkunden.

Manche Tiere töten arteigene Jungtiere

Bei vielen sozialen Tierarten, z.B. bei Mäusen und einigen Affenarten, hat man beobachtet, daß Männchen Jungtiere töten.

▲ Löwenmännchen, die ein neues Rudel übernehmen, töten die noch saugenden Jungtiere des Rudels (Abb. 143). Bald danach werden nicht nur die ihrer Jungen beraubten Weibchen, sondern auch die anderen Löwinnen des Rudels empfängnisbereit (Abb. 144). ▼

▲ Schließt sich ein Schimpansenweibchen mit einem Säugling einer neuen Horde an, so bringen die Männchen das Junge um.▼

Wo Männchen die Brutpflege übernehmen, wurden Weibchen beim Zerstören des Nachwuchses beobachtet:

▲ Stichlingweibchen vernichten häufig fremde Gelege um später im wiederhergerichteten Nest selbst ablaichen zu können. ▼

LORENZ nahm an, daß Tiere, vor allem Raubtiere, eine Tötungshemmung gegenüber Artgenossen haben. Das Töten arteigener Jungtiere steht im Widerspruch zu der Hypothese, daß Verhalten immer der Arterhaltung dient. Es stützt hingegen die These der Soziobiologie (S. 136), nach der Verhalten allein der Fitness des Handelnden dient. Die Kindstötung erhöht offensichtlich den Fortpflanzungserfolg und damit die Fitness des Mörders, die Fitness anderer Artgenossen wird vermindert (Abb. 144).

8.4 Hormone und Verhalten

Sexuelle Aktivität ist an Jahreszeiten gebunden

Viele Tiere sind nur zu ganz bestimmten Jahreszeiten sexuell aktiv. Die Fortpflanzungsperiode dauert wenige Tage bis mehrere Monate.

▲ In Mitteleuropa liegt die Brunft des Rothirsches im September bis Oktober, Feldhasen rammeln im Februar und März; die Geburt der Jungtiere fällt ins Frühjahr mit seinem größeren Angebot an Nahrung und den besseren Klimabedingungen. ▼

▲ Das Fortpflanzungsverhalten vieler Vögel beginnt damit, daß sich die Männchen ein Revier aussuchen und die Rivalen vertreiben. ▼

Abb. 142
Ein junger Rhesusaffe hat die Wahl zwischen einer Mutterattrappe, die mit Stoff überzogen ist und einer Drahtattrappe, die Milch spendet. Selbst während es bei der Drahtattrappe saugt, bleibt das Affenbaby mit der Stoffmutter in Verbindung.

Abb. 143
Löwenmännchen töten die Kinder ihrer Vorgänger.

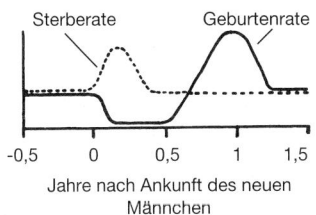

Sterberate   Geburtenrate

-0,5   0   0,5   1   1,5

Jahre nach Ankunft des neuen Männchen

Abb. 144
Wenn ein neues Männchen das Löwenrudel übernimmt, steigt die Sterblichkeit abrupt, die Geburtenrate nimmt ab. Nach einem halben Jahr steigt die Geburtenrate.

Revier- und Balzverhalten werden durch die Änderung der Tageslänge eingeleitet, die die *Hypophyse* zur Abgabe von gonadotropen *Hormonen* anregt, die ihrerseits zur Bildung der **Geschlechtshormone** führen.

Hormonhaushalt und Verhalten wirken zusammen

Neben äußeren Reizen sind auch innere Faktoren wesentlich für das Verhalten. Dazu gehören vor allem die *Hormone.*

> **Hormone** beeinflussen Handlungsbereitschaften; Verhaltensweisen können die Bildung von Hormonen veranlassen, die wiederum das Verhalten steuern.

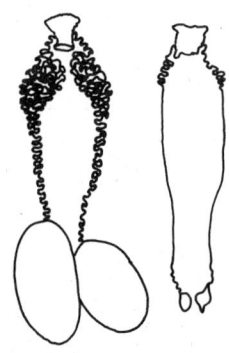

Abb. 145
Hoden des Stars im Frühjahr (links) und im Winter (rechts).

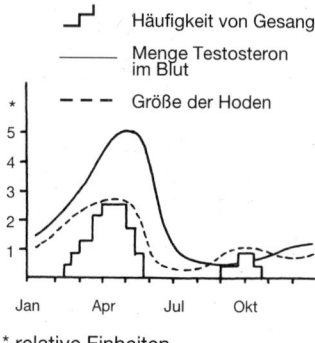

Abb. 146
Hodengröße, Testosteronmenge und Gesangshäufigkeit ändern sich im Jahresverlauf etwa gleichsinnig.

Bei den meisten Säugetieren entsteht die männliche Verhaltensausrichtung des erwachsenen Tieres dadurch, daß die Keimdrüsen in der späten Embryonalzeit das männliche Geschlechtshormon Testosteron ausscheiden. Dieses wirkt auf den *Hypothalamus* so, daß sich das Tier später als Männchen verhält. Weibliche Verhaltensausrichtung entsteht, wenn im Embryo kein Testosteron auftritt und beim erwachsenen Tier weibliche Geschlechtshormone wirken.

Geschlechtshormone greifen in vielfältiger Weise in das Fortpflanzungsverhalten ein (Abb. 48 und 147).

▲ Bei Singvogel-Männchen zeigen Gesangsbereitschaft und Hodengröße eine Korrelation mit dem Blutgehalt an Testosteron im Jahresgang (Abb. 146). ▼

Der Nachweis, daß die Veränderungen der Keimdrüsen für Umstimmungen im Verhalten maßgeblich sind, kann durch das Entfernen der Drüsen gebracht werden. Kastrierte Tiere verhalten sich anders als ihre Artgenossen.

▲ Ein Kapaun (kastrierter Hahn) kräht nicht und balzt nicht. ▼
▲ Eine Ente, deren Eierstock entfernt wurde, unterläßt die Bewegungsfolge zur Paarungsaufforderung. ▼

Die verlorengegangenen Verhaltensweisen treten wieder auf, wenn man den kastrierten Tieren Sexualhormone injiziert.

Wenn im Frühling die Tage länger werden, aktiviert das Licht über die Hypophyse die Keimdrüsen der Vögel. Diese stellen nun vermehrt Geschlechtshormone her.

Unter dem Einfluß des Testosterons balzen die Männchen. Der Balzgesang führt beim Weibchen zu einer hormonalen Umstimmung und aktiviert die Bereitschaft zum Nestbau.

Das Weibchen sammelt Nistmaterial und beginnt ein Grasnest zu bauen.

Die Eizellen vergrößern sich. Das Weibchen verliert Brustfedern. Der Kontakt mit dem Nest löst die Entwicklung des Brutflecks aus, nachdem das Hormon Östrogen die entsprechende Bereitschaft aktiviert hat.

Wenn das Nest weitgehend fertig ist, signalisiert das Weibchen Paarungsbereitschaft.

Das Paar kopuliert mehrmals. Vergrößerte Blutgefäße färben den Brutfleck leuchtend rot.

Vom Nest ausgehende Reize steigern die Bildung von Östrogen, das den Eileiter erweitert. Die Empfindlichkeit des Brutflecks gegenüber dem Nistmaterial nimmt zu. Das Weibchen kleidet das Nest mit weichen Federn aus.

Die durch Hormone induzierte Handlungsbereitschaft zusammen mit Berührungsreizen, die vom Nest ausgehen, lassen das Weibchen mit Eierlegen und Brüten beginnen.

Abb. 147
*Eines der bestuntersuchten Beispiele für die **Wechselwirkung** zwischen Hormonen und Verhalten ist das Nestbauverhalten der Kanarienvögel.*

9 Gruppenverhalten

9.1 Sozialer Verband

Sozialleben ist erweitertes Familienleben

Viele Tiere leben mit Artgenossen in einer Gemeinschaft zusammen. Die Mitglieder einer Gruppe sind oft miteinander verwandt. Soziales Verhalten führt Artgenossen zusammen und regelt das Zusammenleben.

> Zum **Sozialverhalten** gehören alle durch Artgenossen verursachten Verhaltensweisen.

Abb. 148
Löwinnen eines Rudels säugen ihre Kinder gemeinsam.

Abb. 149
Wenn Spießböcke in sternförmiger Anordnung ruhen, kann immer eines der Tiere eine nahende Gefahr erkennen und die anderen warnen.

▲ Das Löwenrudel ist eine Familie nahe verwandter Weibchen mit ihren Jungen und einem oder mehreren Männchen.
– Die Tiere des Rudels teilen ihre Beute miteinander.
– Gemeinsame Jagd ermöglicht es den Löwen, größere und schnellere Beutetiere (Gnus und Zebras) zu reißen als sie es allein könnten.
– Gemeinsam schützen sie ihre Jungen. Die Löwinnen werfen ihre Jungen im gleichen Monat. Manchmal säugen sie auch die Jungen anderer Weibchen (Abb. 148). Die Sterblichkeit der Jungen ist im Rudel deutlich niedriger als bei Einzelgängerinnen.
– Sie verteidigen ein Territorium mit genügend Nahrung, Verstecken und Wasser und geben es an ihre Töchter weiter.
– Ruhezeiten nutzen sie zu ausgiebigen Sozialkontakten. Bei der gegenseitigen Fellpflege säubern sie sich von Blut und Schmarotzern.

Die männlichen Löwen sind keine dauerhaften Rudelmitglieder. Sie können eine Löwinnengruppe und deren Territorium meist nur einige Jahre verteidigen, bevor sie beides an ein jüngeres Männchen verlieren. Außer dem bisherigen Revierbesitzer werden nun auch dessen Söhne aus dem Revier vertrieben oder getötet. Wenn das Rudel zu groß wird, werden auch junge Weibchen weggejagt. Männliche Löwen bilden oft Koalitionen – meist mit einem bis vier gleichaltrigen Brüdern – um zusammen einen Harem zu erobern. ▼

Abb. 150
Elefanten leben meist in kleinen Herden, deren Mittelpunkt die Leitkuh mit ihren Nachkommen ist. Erwachsene Bullen leben einzeln oder in losen Verbänden.

junger Bulle

Leitkuh

▲ Elefantensippen werden von alten Weibchen geführt (Abb. 150). ▼

Leben im Verband bringt Kosten und Nutzen

Artgenossen sind die schärfsten Konkurrenten eines Tieres, weil sie dieselben Ansprüche an die Umwelt haben. Das dürfte der Grund dafür sein, daß viele Tiere als Einzelgänger leben und ein Revier für sich allein beanspruchen. Aber auch das Leben in der Gruppe bringt vielfältige Vorteile mit sich:
– Die Gruppe schützt vor **Gefahren**. Ein Feind wird schneller erkannt und gemeinsam abgewehrt (Abb. 149).
– Der **Nahrungserwerb** kann z.B. durch gemeinsame Jagd erfolgreicher werden.
– Die Suche nach **Wasser** wird erleichtert. Wenn ein Tier eine Wasserstelle findet, profitieren die anderen davon.
– Jungtiere können von den Erfahrungen der Älteren **lernen**. Bei Primaten ist soziales Lernen von überragender Bedeutung (S. 138 ff.).
– Gemeinsam kann die **Temperatur** reguliert werden.
  ▲ Fledermäuse, die in Gruppen schlafen, verbrauchen weniger Energie als Einzeltiere. ▼
  ▲ Bienen (Abb. 151) erhöhen die Temperatur im Stock durch gemeinsames Flügelschwirren. An heißen Sommertagen tragen sie Wasser ein, das Verdunstungskälte abgibt. ▼

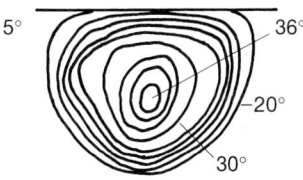

5°   36°
−20°
30°

Abb. 151
Auch bei niedriger Außentemperatur ist es im Inneren des Bienenschwarms 36°C warm.

Oft gibt es **Arbeitsteilung** in einer Gruppe:
▲ Junge Pinguine werden in Kinderkrippen zusammengefaßt, die von wenigen Alttieren umstellt und gehütet werden, solange die Eltern auf Nahrungssuche gehen. ▼

> Das Verhalten von Tieren in der Gruppe ist durch **Kooperation** und **Konkurrenz** geprägt.

113

VERBAND	**offen** Tiere können dazukommen oder sich entfernen.	**geschlossen** Gruppenfremde werden ausgeschlossen.
anonym Die Gruppenmitglieder kennen sich nicht.	Fischschwärme, Heuschreckenschwärme, wandernde Huftierherden	Ratten- und Mäusesippen; Insektenstaaten: Termiten, Ameisen, Bienen
nichtanonym Die Gruppenmitglieder kennen sich persönlich.	Brutkolonien von Seevögeln	Hühnerschar, Schimpansenhorde, Wolfsrudel, Löwensippe

Tab. 7
Raster zur Einteilung von Tier-
verbänden

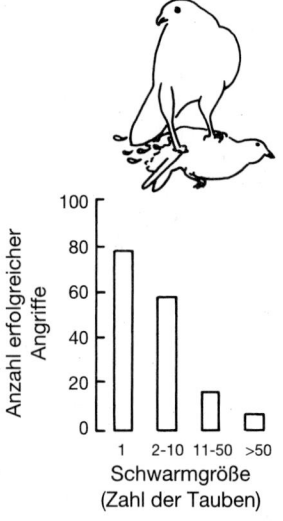

Abb. 152
Der Erfolg des Habichts hängt
von der Schwarmgröße ab.

Formen der Vergesellschaftung

Jede Art profitiert in einer besonderen Weise vom Leben in der Gruppe und hat daher andere Muster des Gruppenverhaltens. Die Sozialstruktur ändert sich oft mit der Jahreszeit oder mit dem Lebensraum. Es gibt daher einen unübersehbaren Reichtum an Varianten, weit mehr verschiedene Gruppenstrukturen als soziale Tierarten.

– **Tieransammlungen** sind keine echten Gesellschaften. Sie bilden sich allein deshalb, weil viele Individuen durch gleiche Umweltfaktoren angelockt werden. Es gibt kein soziales Band.

▲ Unter einem Stein können sich viele Asseln ansammeln, weil es dort feucht und sicher ist. ▼

▲ In Trockengebieten finden sich oft verschiedene Tierarten an den Wasserstellen zusammen. ▼

– **Tiergesellschaften** oder Tierverbände werden durch Reize, die von Artgenossen ausgehen, zusammengehalten. Man kann Tierverbände nach zwei verschiedenen Kriterien einteilen (Tab. 7):

– Die Mitglieder **anonymer offener** Verbände kennen sich nicht. Sie werden von Reizen zusammengehalten, die eine Gruppe oder deren Mitglieder aussenden. Zusammensetzung und Größe wechseln ständig: Tiere können sich jederzeit anschließen oder ausscheiden.

– **Anonyme geschlossene** Verbände schließen Gruppenfremde aus. Die Gruppenzugehörigkeit geht oft vom Geruch aus, aber auch Ortstreue, Schallsignale (Dialekt) oder optische Erkennungszeichen weisen Mitglieder als solche aus.

114

- In **individualiserten** (nichtanonymen) **geschlossenen** Verbänden kennen sich die Mitglieder persönlich und schließen Fremde aus. Die Aggressivität innerhalb der Gruppe ist durch eine Rangordnung herabgesetzt (S. 124).
- Nichtanonyme offene Verbände sind selten.
  ▲ Vögel in großen Brutkolonien kennen nur ihre Brutpartner, ihre Nachkommen und die unmittelbaren Nachbarn. ▼

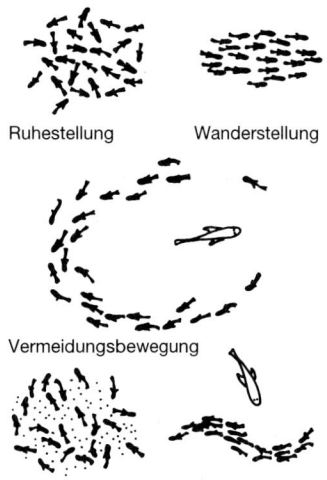

Ruhestellung   Wanderstellung

Vermeidungsbewegung

Plankton fressend   Feindvermeidung

Abb. 153
Ein Schwarm von Sumatra-Barben bewegt sich als Einheit. Er nimmt je nach Umweltbedingung unterschiedliche Stellungen und Bewegungen ein.

Im Schwarm leben Tiere sicherer

Viele Vogel- und Fischarten bilden große Schwärme, das sind **anonyme offene Verbände**. Gegenseitige Anziehung und der Drang zur Nachahmung sind wichtige Faktoren des Lebens im Schwarm.
▲ Ein Fisch, den man von seinem Schwarm trennt, versucht diesen auf kürzestem Wege wieder zu erreichen. ▼

Leben im Schwarm hat **Nachteile**. Große Schwärme sind auffällige und verlockende Objekte für Freßfeinde, Infektionskrankheiten können sich leicht ausbreiten, die Nahrungsbasis für den einzelnen wird kleiner.
Die **Vorteile** des Schwarmes liegen überwiegend im passiven und aktiven Schutz vor Feinden:
- Je größer der Schwarm, desto früher wird ein Feind entdeckt.
  ▲ Auf freiem Feld unterbrechen Haussperlinge die Futtersuche häufig durch Sichern. Im großen Schwarm kann die Aufmerksamkeit des einzelnen geringer sein. Obwohl die vorhandene Nahrung unter mehr Vögeln geteilt werden muß, kann ein Spatz im Schwarm mehr fressen, als wenn er allein auf Nahrungssuche geht (Abb. 155). ▼
- Schwarmtiere profitieren vom **Konfusionseffekt** gegenüber Freßfeinden (Abb. 153). Die Menge erschwert es dem Feind, sich auf ein einzelnes Beutetier zu konzentrieren.
- Ein Schwarm kann sich gegen Feinde nicht nur aktiv wehren, sondern auch passiv verteidigen, indem er einen Angriff riskanter macht:
  ▲ Ein lockerer Starenschwarm ballt sich zu einem dichten Pulk zusammen, wenn ein Wanderfalke auftaucht (Abb. 154). Beim Sturzflug in einen solchen Pulk riskiert der Falke Verletzungen seines Gefieders, besonders der Flügel. ▼

Abb. 154
Wenn Stare einen Falken bemerken, nähern sie sich einander und bewegen sich wie <u>ein</u> Tier. In dieser Verteidigungsformation ist es für den Falken schwer, einen Vogel zu ergreifen, ohne mit anderen zusammenzustoßen.

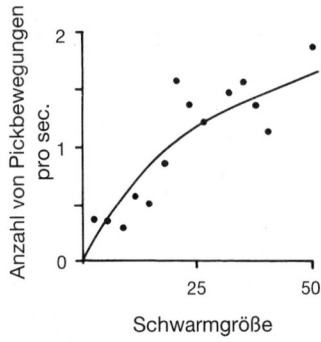

Bei vielen Tierarten ist der Nutzen des Lebens im Schwarm höher als die Kosten; die Kosten-Nutzen-Bilanz ist positiv: ▲ Im Schwarm lebende Ringeltauben haben eine größere Lebensdauer und mehr Nachwuchs als solitär lebende. ▼

Abb. 155
Haussperlinge, die auf freiem Feld Nahrung suchen, können umso mehr Futter aufnehmen, je größer der Schwarm ist.

Bindende Verhaltensweisen halten die Verbände zusammen

Das Streben nach der Nähe von Artgenossen wird als **Sozialattraktion** bezeichnet. Es führt dazu, daß Tiere zusammenkommen und zusammenbleiben. Wird einem sozialen Tier der Kontakt mit seiner Gruppe vorenthalten, so kommt es zu Verhaltensstörungen.

Soziale Tiere bleiben nicht nur zusammen, sie handeln oft zusammen. Sie fressen, fliehen, schlafen und putzen sich gemeinsam. Häufig führt dasjenige Tier die Gruppe an, das als erstes sein Verhalten auffällig ändert. Durch **Stimmungsübertragung** werden andere Tiere der Gruppe zur Sozialimitation, zum Auffliegen, Fressen oder Trinken, angeregt. So wechselt beim Vogelflug häufig der Anführer der Gruppe.

▲ Die Wanderratten-Sippe ist ein geschlossener, weitgehend anonymer Verband von 60 bis über 200 Tieren. Jede Großfamilie umfaßt mehrere Generationen. Zwischen den Mitgliedern der Gruppe herrscht Toleranz und ein starkes Kontaktbedürfnis. Wanderratten berühren einander oft, sie kommunizieren miteinander durch Beschnuppern und gegenseitige Fellpflege. Mehrere Weibchen ziehen ihre Jungen gemeinsam auf. Ratten markieren sich gegenseitig mit Urin und kennen sich am Sippengeruch. Tiere, die diesen Geruch nicht haben, werden angegriffen und vertrieben. Aber auch individuelles Kennenlernen der Tiere spielt eine Rolle. In der Gruppe gibt es ein System von Vorrechten: auf Geschlechtspartner, Nahrung, Wege und Schlafplätze. Lediglich Jungtiere besitzen Narrenfreiheit.

Innerhalb des Rudels kann man Stimmungsübertragung beobachten. Jedes Vorbild löst Nachahmung aus. An unbekannten Ködern entscheidet oft das erste Tier, das ihn findet, über Annahme oder Ablehnung. ▼

▲ Ansteckendes Verhalten („Mach mit" -Verhalten) gibt es auch bei Menschen. Besonders auffällig ist das beim Gähnen.▼ Das Teilen von Nahrung (Abb. 126 und 129) ist ein besonders stark bindendes Verhalten. Es kommt als Ritual nicht nur bei Schimpansen, sondern auch in vielen Kulturen, vor allem bei Kindern, vor.

Abb. 156
Nestlinge des Nachtreihers sperren nur, wenn der Altvogel das Kopfgefieder mit den Schmuckfedern aufstellt. Ohne diese Besänftigungsgeste wird der Elternvogel nicht erkannt und mit Schnabelhieben empfangen.

Insektenstaaten sind Superfamilien

Soziale Insekten gibt es bei den Termiten und bei Bienen, Wespen und Ameisen. Typisch für einen Insektenstaat ist die gemeinsame Abstammung von <u>einer</u> Mutter. Die Nachkommen sind in die Geschäfte der Brutpflege eingeordnet.

Die **Arbeitsteilung** der Nachkommen äußert sich in der Bildung verschiedener Kasten. Die Drohnen – männliche Bienen – haben nur die Aufgabe, die Königin zu befruchten. Die Königin hat besonders leistungsfähige Keimdrüsen. Paarung, Eierlegen und Pheromonherstellung (S. 119) sind ihre einzigen Tätigkeiten. Die Arbeiterinnen übernehmen mit zunehmendem Alter unterschiedliche Tätigkeitsbereiche: Säuberung der Waben, Bau von Brutzellen, Fütterung der Jungen, Bevorratung von Nektar und Pollen, Wächterdienste und schließlich die Nahrungssammlung. Bei ihnen sind Gehirn und Sinne weit höher entfaltet als bei den Geschlechtstieren. Die Arbeitsteilung ist sehr flexibel und richtet sich nach den Bedürfnissen des Staates. Die Zugehörigkeit zum Staat wird am Geruch erkannt.

Abb. 157
Mit dem Prellsprung warnt die Thomsongazelle ihre Gefährten. Meist zeigt sie damit die Anwesenheit von Hyänenhunden an.

9.2   Kommunikation

Zusammenleben basiert auf Verständigung

Die Abstimmung von Aktivitäten im Verband setzt voraus, daß sich die Tiere verständigen.

> Von **Kommunikation** spricht man, wenn ein Lebewesen durch sein Verhalten ein anderes zu einer Verhaltensänderung veranlaßt.

Signale haben zwei Hauptfunktionen: Sie locken Partner an oder wehren Rivalen ab. Tiere, die in Gemeinschaften leben, stellen die Kommunikation in den Dienst der Gruppe:

– Sie signalisieren, z.B. durch Stimmfühlungslaute, ihre Anwesenheit (Selbstkundgabe; Abb. 167);
– sie informieren über die eigene Art-, Alters- und Geschlechtszugehörigkeit (Abb. 158);
– sie geben Auskunft über Stärke und Rang innerhalb der Gruppe;

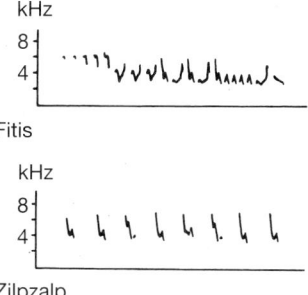

Abb. 158
Zilpzalp und Fitis sind zwei nahe verwandte Arten (Geschwisterarten). Durch ihre Gesänge signalisieren sie ihre Artzugehörigkeit. Rivalen und Weibchen reagieren nur auf das arteigene Lied.

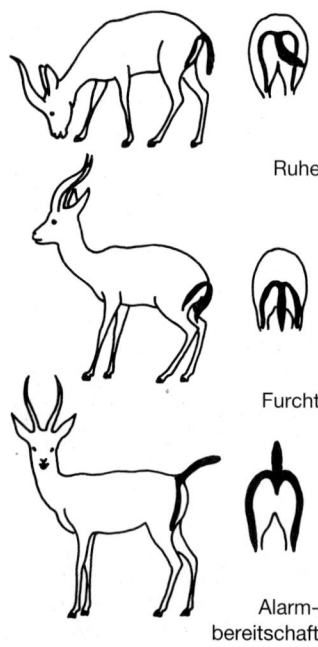

Ruhe

Furcht

Alarm-
bereitschaft

Abb. 159
*Dorcasgazellen verständigen sich
durch die weißen Flecken ihrer
Rückseiten.*

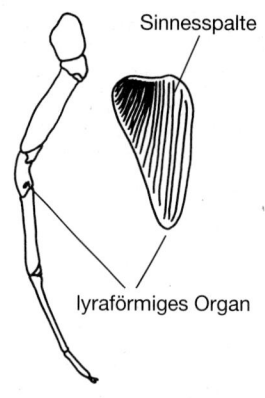

Sinnesspalte

lyraförmiges Organ

Abb. 160
*Bein der Kreuzspinne. In der
Nähe der Gelenke liegen die lyra-
förmigen Organe. Diese Sinnesorgane registrieren Vibrationen,
die vom Spinnfaden auf das Bein
übertragen werden.*

– sie signalisieren die Bereitschaft zu einer Verhaltensweise
wie Angriff, Flucht, Paarung oder Spiel (Abb. 159);
– sie lösen aggressive Handlungen aus oder hemmen solche
(Abb. 156);
– sie markieren Territorien (Abb. 167 und 168) oder
– warnen vor Feinden (Abb. 157).

Ein Signal kann für verschiedene Empfänger unterschiedliche
Bedeutungen haben.
▲ Vom Lied eines Buchfinkenmännchens fühlen sich Weib-
chen angezogen, andere Männchen dagegen abgestoßen. ▼

Verständigung läuft über verschiedene Kanäle

Die Kommunikation der Tiere beruht überwiegend auf genetisch fixierten Signalen, die meist recht allgemeine Botschaf-
ten enthalten. Sie sind eher mit unserer Mimik als mit unserer
Sprache zu vergleichen. Signale, die im Dienste der Verständigung stehen, nennen wir **Auslöser** (vgl. S. 22).
Tiere setzen alle Übertragungskanäle zur Kommunikation
ein, für deren Empfang sie Sinnesorgane haben. Die verschiedenen **Kommunikationskanäle** haben unterschiedliche Eigenschaften und werden daher in unterschiedlichen Situationen
genutzt:
– **Berührungsreize** (taktile Reize) sind nur für kurze Entfernungen geeignet.
▲ Kreuzspinnenmännchen balzen durch Zupfen am Netz
des Weibchens, sie verständigen sich mit taktilen Reizen
(Abb. 160). ▼
– **Lautsignale** (akkustische Signale) breiten sich nach allen
Richtungen aus und umgehen Hindernisse. Sie werden
noch in großen Entfernungen wahrgenommen und können
auch bei Dunkelheit eingesetzt werden. Weil sie leicht
moduliert werden können, sind sie geeignet, komplizierte
Informationen schnell zu übermitteln.
▲ Singvögel markieren ihr Revier durch Gesang (Abb. 158
und 167), sie leben in einer Klangwelt. ▼
▲ Mäuse und Spitzmäuse verständigen sich mit hohen
Tönen, die bis in den Ultraschallbereich reichen. ▼
– **Optische Signale** (visuelle Reize) breiten sich noch schneller aus, können aber keine Hindernisse umgehen. Sie
treten bei tagaktiven Tieren auf, die in überschaubaren
Räumen leben (Abb. 159). Sie sind besonders einfach
lokalisierbar – das ist vorteilhaft für die Verständigung,
hat jedoch den Nachteil, daß auch Feinde sie orten können.

118

▲ Korallenfische leben in einer Welt der Plakatfarben. Großflächige Flecke in satten Farben zeigen ihre Anwesenheit an. ▼

Viele Arten kommunizieren durch Pheromone

Chemische Signale sind im Tier- und Pflanzenreich weit verbreitet. **Düfte** sind für kleine nachtlebende Tiere besonders gut als Signale geeignet. Sie umgehen Hindernisse, haben oft langandauernde Wirkung und erfordern wenig Energieaufwand. Manche Duftstoffe wirken in unvorstellbar großer Verdünnung und sind über riesige Entfernungen wahrzunehmen. Wegen ihrer Analogie zu den *Hormonen* werden sie als „Sozialhormone" oder Pheromone bezeichnet. Wie Hormone werden sie in kleinen Mengen abgegeben und haben steuernde Funktionen. Sie betreffen gewöhnlich das Sexualverhalten (Abb. 7).

Abb. 161
Kattas, Halbaffen aus Madagaskar, reiben Absonderungen ihrer Oberarmdrüsen in den buschigen Schwanz und fächeln mit diesem den Geruch in Richtung der Rivalen: „Geruchskampf".

> **Pheromone** sind Botenstoffe; Substanzen, die innerartliche Signalfunktion haben.

▲ Bei Honigbienen ist die von der Oberkieferdrüse abgegebene Königinnensubstanz (9-Oxodecensäure) der Sexuallockstoff, mit dem die Königin beim Hochzeitsflug die Drohnen anlockt. Dasselbe Pheromon unterrichtet die Bienen über die Anwesenheit der Königin. Arbeiterinnen lecken das Pheromon vom Körper der Königin ab und verteilen es im Staat. Wenn es fehlt, beginnen Arbeiterinnen mit dem Bau von Weiselzellen, in denen sie neue Königinnen heranziehen. Die Pheromone unterdrücken bei den Arbeiterinnen die Entwicklung zur Fortpflanzungsfähigkeit. Nach Verlust der Königin wachsen die *Ovarien* der Arbeiterinnen; einzelne legen sogar unbefruchtete Eier, aus denen Drohnen schlüpfen. Ein ganz ähnlicher Stoff, die 9-Hydroxydecensäure, sorgt beim Schwärmen für den Zusammenhalt des Schwarmes. ▼

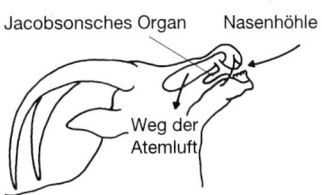

Jacobsonsches Organ   Nasenhöhle

Weg der Atemluft

Kopf der Rappenantilope

Abb. 162
Bei vielen Säugetieren beobachtet man das Verhalten des Flehmens. Sie heben den Kopf und werfen die Oberlippe auf. Die Nasenöffnungen sind geschlossen. Die eingeatmete Luft gelangt nun in einen besonders empfindlichen Bereich der Riechschleimhaut im Mundhöhlendach, das Jacobsonsche Organ. Flehmen ist bei Huftieren häufig ein Ausdruck sexueller Erregung.

▲ Ameisen, die beim Futtersammeln erfolgreich waren, markieren ihren Heimweg mit einem Pheromon, um ihren Nestgenossinnen den Weg zum Futter zu weisen. ▼

Auch viele Säugetiere leben in einer Duftwelt. Für sie ist die Verständigung durch Geruchssignale am wichtigsten (Abb. 161 und 162).

▲ Mäuse erkennen am Geruch den Verwandtschaftsgrad zu anderen Mäusen und vermeiden dadurch Inzucht. ▼

119

Abb. 163
Beim Rundtanz läuft die Biene in kleinen Kreisen abwechselnd rechts- und linksherum.

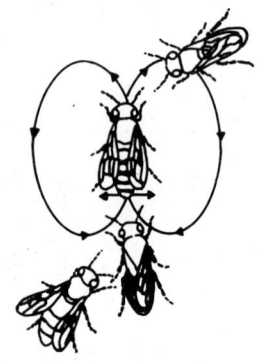

Abb. 164
Beim Schwänzeltanz wird der Winkel zur Sonne (im Gelände) durch den Winkel zur Senkrechten (im Stock) ausgedrückt.

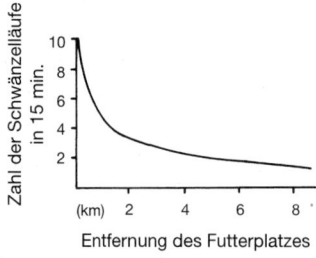

Abb. 165
Das Tanztempo der Honigbienen nimmt mit zunehmender Entfernung der Trachtquelle ab.

Einige pflanzliche Düfte ähneln zufällig bestimmten Pheromonen und lösen entsprechende Reaktionen aus.
▲ Katzenminze und Baldrian üben eine hohe Anziehungskraft auf Katzen aus. Der Geruch bringt die Tiere dazu, sich auf dem Boden zu wälzen und den Kopf zu reiben, ähnlich wie sie sich bei der Brunst verhalten. ▼

Düfte beeinflussen auch das Gesellschaftsleben der Menschen. Parfums können gezielt zur Unterstützung der Verführungskunst eingesetzt werden.

Bienen verständigen sich durch Tänze

Eines der bemerkenswertesten Beispiele für Kommunikation ist die Tanzsprache der Bienen. Bienen übermitteln dabei ihren Stockgenossinnen Informationen über Art, Entfernung, Richtung und Ergiebigkeit von Nahrungsquellen und fordern sie gleichzeitig auf, sich am Sammeln zu beteiligen.
Wenn eine Honigbiene von einer Futterquelle zum Stock zurückkehrt, führt sie einen Tanz in Form einer Acht auf (Schwänzeltanz; Abb. 164). Auf der Mittellinie zwischen den Kreisen läuft sie ein kurzes Stück geradeaus und bewegt ihren Hinterleib schwänzelnd hin und her. Gleichzeitig erzeugt sie mit den Flügeln ein schwirrendes Geräusch. Stockgenossinnen sammeln sich um die Tänzerin und folgen dem Tanz, der ihnen eine Fülle von Informationen über die Futterquelle gibt:
– Duftspuren am Körper der Tänzerin vermitteln den **Geruch** der gefundenen Pflanze.
– Futterproben geben Auskunft über die **Qualität** der Tracht.
– Die Richtung des Schwänzeltanzes gibt die **Richtung** der Nahrungsquelle an. Wenn der Futterplatz in Richtung zum aktuellen Stand der Sonne liegt, schwänzelt die Biene auf der Strecke senkrecht nach oben. Ist das Futter 90° rechts vom Sonnenstand, so weicht der Schwänzeltanz im Uhrzeigersinn um 90° von der Senkrechten ab.
– Die Zahl der Schwänzelbewegungen (Abb. 165) gibt Auskunft über die **Entfernung** der Futterquelle. Quellen, die näher als etwa 100 m liegen, werden mit dem Rundtanz (Abb. 163) angezeigt, der keine Schwänzelbewegungen enthält.
– Dauer und Intensität des Tanzes geben Auskunft über die **Ergiebigkeit** der Tracht.

Der Tanz der Bienen vermittelt – wie die menschliche Sprache – abstrakte Informationen. Die Angaben über Entfernung und Richtung stützen sich auf eine willkürliche, jedoch allgemein

120

verstandene Konvention, die – wie die Dialekte einer Sprache – zwischen den Bienenrassen voneinander abweichen. Diese Analogie berechtigt uns, von einer „Tanzsprache" zu reden.

Literatur:
Karl von Frisch: Aus dem Leben der Bienen. 1969.

9.3 Revierverhalten

Die Individualdistanz wird selten unterschritten

▲ Beobachtet man eine Gruppe von Schwalben, die auf einem Leitungsdraht sitzt, so fällt der deutliche, recht regelmäßige Abstand zwischen den einzelnen Vögeln auf (Abb. 166). ▼ Die meisten Tiere halten stets einen gewissen Abstand zu ihren Artgenossen ein, die **Individualdistanz**. Wer diesen Abstand unterschreitet, wird angegriffen. Die Abstände sind je nach Art sehr verschieden. Sie gehen von wenigen Zentimetern bei sozial lebenden Arten bis zu einigen Kilometern bei großen Greifvögeln.
Es gibt aber auch Tiere, die engen Kontakt zueinander suchen (Kontakttiere).
▲ Manche Fledermausarten ruhen in dichten Trauben, die Tiere an der Außenseite versuchen sich zur Mitte durchzudrängen. ▼
▲ Die Jungen fast aller Säugetiere suchen möglichst engen Kontakt miteinander und mit ihrer Mutter. ▼

Abb. 166
Die meisten gesellig lebenden Tiere sind Distanztiere. Auch Schwalben meiden unmittelbaren körperlichen Kontakt und halten stets die Individualdistanz ein.

Reviere werden gegen Artgenossen verteidigt

Viele Säugetiere und Vögel leben zeitweise oder ihr ganzes Leben lang in einem Revier. Dort bekunden sie durch auffälliges Verhalten ihre Anwesenheit (Abb. 167). Sie behandeln ihr Revier wie ihr Eigentum und und verteidigen es gegen Artgenossen (Abb. 173 und 178), gelegentlich auch gegen Artfremde. Viele Tiere verlassen ihr Revier nie, Zugvögel kehren Jahr für Jahr in dasselbe Revier zurück.

> Ein **Revier** oder **Territorium** ist ein Wohngebiet, das gegen Artgenossen verteidigt wird.

Reviere regeln das Zusammenleben der Art und teilen den Lebensraum auf. Die Kampftätigkeit wird auf ein Minimum beschränkt. Revierverhalten ist damit aggressionsbegrenzend.

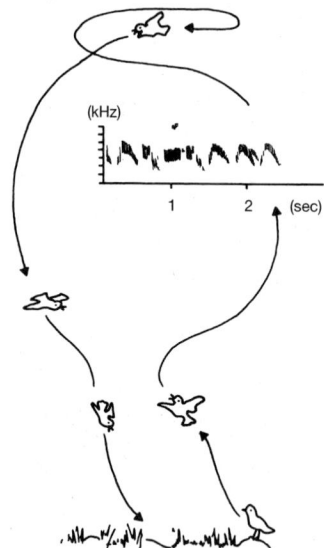

Abb. 167
Der Singflug der Feldlerche dient der Selbstkundgabe und der Reviermarkierung.

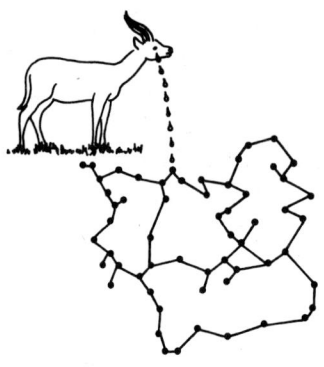

Abb. 168
Thomsongazellen benetzen Grasspitzen mit dem Sekret ihrer Voraugendrüse. Verbindet man die markierten Punkte, so erkennt man, daß die Savanne von Zäunen durchzogen ist, die nur mit der Nase der Gazellen erkennbar sind. An den Stellen, wo andere Böcke stehen, sind die Markierungen dichter.

Die Gründung eines Reviers ist allgemein Sache der Männchen. Oft ist sie Teil des Balzverhaltens. Das Nest, der Partner, die Jungen und einzelne Punkte entlang der Grenzen werden verteidigt. Ein Revierbesitzer kämpft um so intensiver, je näher er dem Mittelpunkt seines Reviers ist. Wegen dieses Heimvorteils kann er sich oft auch gegen stärkere Gegner durchsetzen, daher können einmal besetzte Reviere meist über längere Zeit gehalten werden. Kämpfe kommen nur selten vor (Abb. 180), meist bleibt es beim Drohen und Imponieren (Abb. 182).
▲ Tödlich können die Kämpfe zwischen Störchen werden, wenn ein junger Storch ein Revier in Besitz nimmt, später aber der letztjährige Revierbesitzer zurückkehrt. Nun betrachten zwei Paare denselben Ort als Revierzentrum. ▼

Reviere werden abgegrenzt und markiert

Der Grenzverlauf der Reviere folgt oft auffälligen Marken wie Hecken, Wasserläufen oder Reihen von Pfählen. Singvögel markieren die Reviergrenzen akustisch, die meisten Säugetiere durch Duftspuren (Kot, Harn oder Drüsensekrete; Abb. 161 und 168), die sie an auffälligen Punkten absetzen.
▲ Eine Löwengruppe bewegt sich normalerweise innerhalb eines genau definierten Territoriums, dessen Ausdehnung im Verhältnis zur Dichte der Beutetiere steht. Zur Kennzeichnung markieren die Männchen Büsche und Grasbüschel mit ihrem scharf riechenden Harn. Auch das Brüllen des Löwen und seine gewaltige Mähne zeigen den Revierbesitzer an. ▼
Viele territoriale Tiere tragen auffällige Zeichen, um von ihren Artgenossen gesehen und erkannt zu werden: das Rotkehlchen seinen ziegelroten Hals, Korallenfische ihre plakatfarbenen Körper.
Manche Vögel (Rebhuhn) und Fische (Stichling) legen die Grenzen ihrer Reviere durch die **Pendelflucht** fest. Im eigenen Revier überwiegt die Bereitschaft zum Angriff, im fremden die zur Flucht. Vertreibt ein Männchen das andere aus seinem Revier, so folgt es diesem bis in die Nähe von dessen Revierzentrum. Dort dreht der Verfolgte um und vertreibt den Eindringling. Dieses Verhalten kann sich lange als Pendeln zwischen Flucht und Angriff fortsetzen.

Reviere sichern Ernährung und Fortpflanzung

Reviere haben eine große Bedeutung im Leben der Tiere. Sie sichern Fortpflanzung und Ernährung. Die meisten Reviere sind sowohl Nahrungs- als auch Fortpflanzungsreviere.

- Ein **Nahrungsrevier** garantiert seinem Inhaber eine ausreichende Nahrungsmenge. Die Aufteilung eines Lebensraumes in Reviere führt zu einer optimalen Nutzung der Nahrungsquellen.
- Weil jedes Tier oder Rudel ein Revier behauptet, wird eine Obergrenze der **Bevölkerungsdichte** festgelegt. So wird Überbevölkerung vermieden. Tiere, die kein Revier erobern können, kommen nicht zur Fortpflanzung.
- Auch eine zu starke Konzentration der Tiere an günstigen Stellen wird so verhindert. Weiträumige **Verteilung** ist ein guter Schutz vor Feinden und Infektionskrankheiten.
- Durch seine Vertrautheit ermöglicht das Revier rasche Flucht und sicheres Verbergen, und gibt damit **Schutz**.
- **Balz-** oder **Paarungsreviere** erleichtern die Paarbildung.
- Das **Fortpflanzungsrevier** sichert die nötige Störungsfreiheit für die Fortpflanzung.
- Innerhalb der Brutkolonien vieler Seevögel (z.B. der Silbermöwen) grenzt jedes Paar sein **Nistrevier** ab.

Durch die Revierbildung verteilen sich die Tiere gleichmäßig über den zur Verfügung stehenden Raum. Die Nahrungskonkurrenz wird auf ein Minimum reduziert.

Der Besitz eines Reviers ist mit einem großen Aufwand verbunden. Der Revierinhaber verbraucht einen großen Teil seiner Zeit und Energie zur Markierung und Verteidigung des Reviers. Viele Tiere verteidigen ihr Revier daher nur während der Fortpflanzungszeit. Die Reviergröße (Tab. 8) ist ein Kompromiß zwischen Nutzen und Kosten (Abb. 172).

Territorien sind strukturiert

Säugetier-Territorien können außer dem Schlafplatz bestimmte Eß-, Trink-, Vorrats- und Kotstellen, Bade- und Suhlplätze enthalten, die durch feste Wechsel miteinander verbunden sind (Abb. 196).

▲ Hauskatzen haben ein Zeitplan-Revier. Mehrere Tiere halten sich nach festgelegten Stundenplänen nacheinander im selben Gebiet auf, ohne sich dabei zu begegnen. ▼

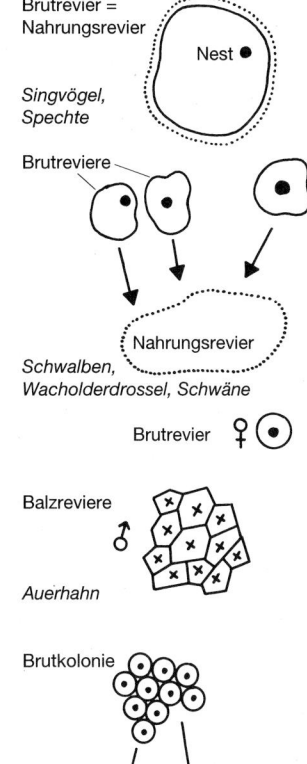

Brutrevier = Nahrungsrevier

Nest

Singvögel, Spechte

Brutreviere

Nahrungsrevier

Schwalben, Wacholderdrossel, Schwäne

Brutrevier ♀

Balzreviere ♂

Auerhahn

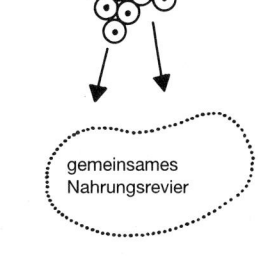

Brutkolonie

gemeinsames Nahrungsrevier

Pinguine, Möwen, Seeschwalben

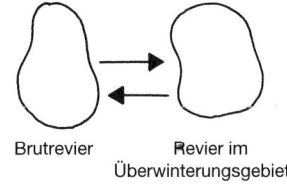

Brutrevier   Revier im Überwinterungsgebiet

Würger, Fliegenschnäpper, Turmfalken

Abb. 169
Bei Vögeln gibt es ganz verschiedene Reviertypen.

123

Tab. 8
Reviergrößen einiger Vogelarten:

Steinadler	9 300 000 m²
Zaunkönig	4 000 m²
	(1 000 - 10 000 m²)
Amsel	1 200 m²
Misteldrossel	>150 000 m²
Rotkehlchen	6 000 m²
Buchfink	4 000 m²
Lachmöwe (Nistrevier)	0,3 m²

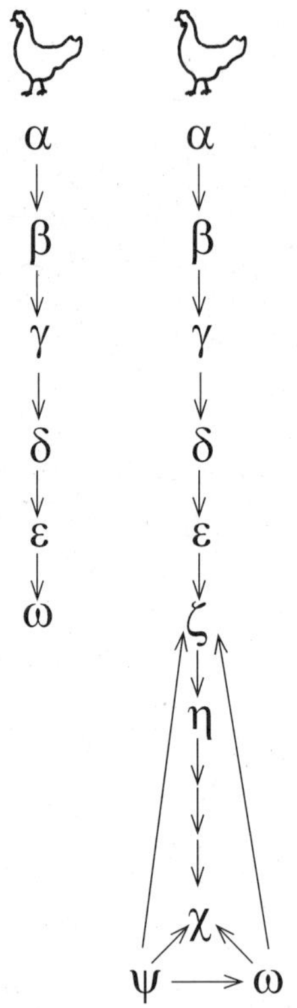

Territorialität gibt es auch beim Menschen. Die Ansprüche auf eigenen Raum (vom eigenen Zimmer in der Wohnung bis zum Staatsgebiet für ein Volk) sind so vielfältig und in unterschiedlichen Gesellschaften so unterschiedlich ausgeprägt, daß eine gemeinsame biologische Wurzel unwahrscheinlich ist.

9.4 Rangordnung

Rangordnungen strukturieren Tiergruppen

Wenn lernfähige Wirbeltiere auf engem Raum zusammenleben, bildet sich zwischen ihnen ein Verhältnis von Über- und Unterordnung, eine **Rangordnung**, aus. Im extremen Fall werden alle Tiere einer Gruppe in einer hierarchischen Beziehung zueinander eingestuft.

Eine Rangordnung setzt persönliches Kennen der Artgenossen voraus. Sie kann sich nur bei Tierarten ausbilden, bei denen die Rangniederen zur Unterwerfung bereit sind. Die typische Rangordnung ist linear mit einem dominanten Alphatier an der Spitze und einem Omega-Tier als Prügelknaben am Ende. Es kann Dreiecksverhältnisse geben (Abb. 170). In größeren Verbänden sind die Rangordnungen meist unvollständig, manchmal ist nur das Leittier von der übrigen Herde abgegrenzt. Leittier (Alphatier) ist entweder das stärkste Männchen (Löwen, Wildpferde) oder ein Weibchen (Elefanten, Abb. 150; Wildesel).

▲ Beim Wolf bildet sich je eine Rangordnung unter den Weibchen und unter den Männchen, wobei die Stellung des Alpha-Weibchens stabiler ist. ▼

▲ Der Haushund eignet sich gut zur Domestikation, weil er einen Herrn als dominantes Tier der Gruppe anerkennt. ▼

Rangordnungen werden in Kämpfen festgelegt

Rangordnungen sind nicht starr, sie werden in immer neuen Auseinandersetzungen ermittelt. Vor allem durch das Heranwachsen junger Tiere muß immer wieder eine neue Ordnung festgelegt werden.

▲ In einer Schar von Haushühnern gibt es eine feste Hackordnung. Der überlegene Vogel hackt alle anderen, der zweite hackt alle bis auf den ersten usw. Wird ein Huhn neu hinzugesetzt, so muß es mit jedem anderen kämpfen, um seinen Platz in der Hackordnung (Abb. 170) zu erwerben. Der jewei-

Abb. 170
Die Hackordnung im Hühnerhof ist bei kleineren Gruppen linear (links), bei großen Gruppen gibt es Dreiecksverhältnisse und Querverbindungen (rechts).

124

lige Kampfausgang entscheidet, welche Hühner es hacken darf und von welchen es gehackt wird. ▾

Die Stellung eines Tieres in der Gruppe ist abhängig von
– seiner Größe und Körperkraft,
– seiner Geschicklichkeit,
– seiner Fähigkeit, Koalitionen zu bilden,
– seiner Kampfbereitschaft,
– seiner Lebenserfahrung und
– der Fähigkeit, aus dem Erfolg im Kampf Nutzen zu ziehen.

Neben den erkämpften, gibt es **abgeleitete** soziale Stellungen:
▲ Bei Dohlen und Affen rücken Weibchen in die Stellung des Männchens auf, mit dem sie eine Verbindung eingehen. ▾
▲ Junge Huftiere erben die Rangstellung der Mutter, junge Graugänse die des Vaters. ▾
▲ Rangtiefe Schimpansen verbessern ihre Stellung manchmal durch Freundschaft mit einem ranghohen Männchen. ▾

Rangordnung begrenzt die Aggressivität

Oft entscheidet offener Kampf über die Rangstellung. Das Ergebnis des Rangstufenkampfes wird gelernt. Dies hat zur Folge, daß der Unterlegene den Sieger für einige Zeit respektiert und ihn als Überlegenen anerkennt. Im allgemeinen genügen Andeutungen aggressiven Verhaltens, wie Drohgebärden der Ranghohen, Ausweichen, Beschwichtigungs- oder Demutgebärden der Unterlegenen, um die Ordnung zu stabilisieren.
▲ Bei Primaten spielt die körperliche Stärke eine geringe Rolle, wichtiger sind Organisationstalent und Initiative bei Streit in der Gruppe und bei Angriffen von außen. ▾
▲ Bei manchen Affenarten besitzen hochrangige Männchen ein „Alterspachtkleid", z.B. silbergraues langes Haar, das ihre hohe soziale Stellung signalisiert und sichert. ▾

Ein hoher Rang schafft Rechte und Pflichten

Ranghohe Tiere erhalten bevorzugt Zugang zu knappen Gütern wie Nahrung, Schlafplatz und Fortpflanzungspartnern. In manchen Tiergesellschaften pflanzen sich nur ranghohe Tiere fort. ▲ Im Wolfsrudel zeugt nur der α–Rüde mit der ranghöchsten Fähe Nachkommen. ▲
Ranghohe Tiere agieren häufig als Führer und Beschützer der Gruppe, z.B. bei Erkundung und Verteidigung des Reviers. Rangtiefe genießen das Recht auf Schutz durch die Gruppe.

Der rangniedere Wolf nähert sich mit hängendem Schwanz und angelegten Ohren.

Er wirft sich vor dem Alpha-Tier nieder und beleckt dieses mit schnellen Zungenschlägen.

Er legt sich auf den Rücken und harnt, während der Ranghohe seine Geschlechtsteile beschnüffelt.

Abb. 171
Ein rangniederer Wolf (rechts) nähert sich einem ranghohen unter abgestuften Demutsgesten.

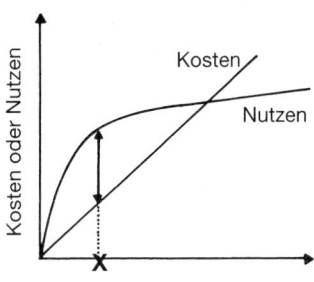

Abb. 172
Die Verteidigung eines Reviers ist mit Nutzen und Kosten verbunden. Die optimale Reviergröße (x) liegt dort, wo die Differenz zwischen Nutzen und Kosten am größten ist.

9.5 Aggression

Aggression ist kein einheitliches Phänomen

„Der Torero, der den Angriffen des Stieres ausweicht ... treibt nichts als Schindluder mit der natürlichen Kampfmoral des Stieres. Kniet der Torero zur ‚Mutprobe' vor dem Stier nieder, so entspricht dieses Verhalten der Demutstellung des Tieres; bei einem instinktgesunden Tier wird dadurch die Angriffslust sofort gestoppt. Der Stierkämper nutzt dies aus, um dann entgegen den natürlichen Kampfregeln des Stieres von neuem zum Angriff zu schreiten – in einer Weise und mit Methoden, die das Tier seinem Instinkt gemäß gar nicht erwarten kann."
ADOLF PORTMANN

„Aggressionen sind alle Akte, die einer anderen Person, einem Tier oder einem Objekt Schaden zufügen oder dies zu tun beabsichtigen."
ERICH FROMM

Zum aggressiven Verhalten gehören Kampf und Drohung, aber auch Beschwichtigung, Demut und Tötungshemmung. Die Bereitschaft, auf Außenreize durch Drohen oder Kämpfen zu reagieren, nennt man **Aggressivität**. Aggressives Verhalten tritt bei Menschen und Tieren in verschiedenen Funktionskreisen auf. Sie reagieren aggressiv:
– bei Schreck, Schmerz oder Bedrohung,
– gegenüber Feinden, wenn der Fluchtweg verstellt ist,
– bei Unterschreiten einer kritischen Distanz,
– bei Rivalität um Nahrung oder Geschlechtspartner,
– wenn sie ihre Jungen schützen,
– beim Durchsetzen von Rangordnungen (S. 124),
– bei Gründung und Verteidigung eines Reviers (S. 121) und
– wenn sie an der Ausführung einer Handlung gehindert werden,
– gegen Außenseiter in der Gruppe, gruppenfremde Artgenossen oder Artgenossen, deren Aussehen vom Durchschnitt abweicht.

Auch Spiele (S. 82 und 83) enthalten Angriffs- und Kampfhandlungen.
Überfälle von Raubtieren auf ihre Beute betrachtet man im Allgemeinen nicht als Aggression, weil sie dem Nahrungserwerb dienen.

> Verhalten, das eigenes Überleben oder Wohlbefinden auf Kosten und gegen den Widerstand anderer zum Ziel hat, ist **Aggression**.

Je nachdem ob die Auseinandersetzung zwischen Artgenossen oder Tieren verschiedener Arten stattfindet, unterscheidet man zwischen **innerartlicher** und **zwischenartlicher** Aggression.

Zwischenartliche Aggression dient der Feindabwehr

Angehörige verschiedener Arten kämpfen nur in Ausnahmefällen gegeneinander, weil fast alle Tiere vor überlegenen Feinden fliehen. Ein Beutetier wehrt sich gegen den Freßfeind, wenn der Fluchtweg verstellt ist oder wenn nach Unterschreiten der kritischen Distanz Flucht nicht mehr möglich ist. Auch wenn Jungtiere noch nicht fliehen können, kann Angst in Aggressivität umschlagen.

Kollektivverteidigung ermöglicht auch schwachen Tieren eine wirksame Feindabwehr.

▲ Bei Dohlen löst jeder schwarze Gegenstand, der von einem Lebewesen getragen wird, den Angriff der ganzen Schar aus.▼
▲ Ein Angstschrei kann einen Angriff der Gruppe auslösen. ▼
▲ Manche Singvögel „hassen" auf Eulen. Diese werden sogar während ihrer Tagesruhe aufgesucht und bedroht. ▼

Der Angreifer reißt sein Maul auf, um den Eindringling einzuschüchtern.

Innerartliche Aggression ist Intoleranz gegen Artgenossen

Die meisten aggressiven Handlungen eines Tieres gelten Artgenossen. Nur selten sind für alle Individuen einer Art genügend Nahrung, ausreichend Nistplätze und Verstecke vorhanden. Meistens konkurrieren Artgenossen um
– den gleichen Lebensraum,
– die gleiche Nahrung und
– die gleichen Geschlechtspartner.

Der Kampf wird mit den Zähnen ausgetragen. Jeder versucht, Hals oder Gelenke seines Gegners zu erwischen.

Diese Ressourcen sind nur in begrenzter Menge vorhanden. Die stärksten Konkurrenten eines Tieres sind also seine Artgenossen. Innerhalb von Gruppen kommt der Wettbewerb um eine hohe Stellung in der Rangordnung dazu.

Der besiegte Bulle senkt den Kopf als Zeichen der Unterwerfung.

Abb. 173
Territoriale Kämpfe zwischen Flußpferdbullen folgen festen Regeln.

> **Innerartliche Aggression** tritt auf, wenn Artgenossen um Nahrung, Geschlechtspartner, Territorien oder einen Platz in der Rangordnung konkurrieren.

KONRAD LORENZ ging davon aus, daß die innerartliche Aggression primär der **Arterhaltung** dient:
– Durch Revierkämpfe werden Lebensraum und Nahrung so verteilt, daß keine Erschöpfung der Ressourcen droht.
– Durch Rivalenkämpfe werden – zum Segen der Nachkommenschaft – besonders kräftige und gesunde Eltern ausgewählt.
– Durch Verteidigung von Territorien werden die Jungtiere beschützt.
– Eine Rangordnung stabilisiert die Gemeinschaft.

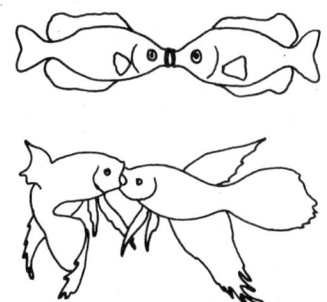

Aggression lohnt sich für den einzelnen

Die **Soziobiologie** nimmt an, daß Aggression die Fitness des einzelnen Individuums erhöht. Aggressionsverhalten schmälert die Chancen von Artgenossen im Dienste der eigenen Überlebens- und Fortpflanzungschancen.

Eine Kosten-Nutzen-Rechnung (Abb. 175) ergibt zwar gewaltige **Kosten** aggressiven Verhaltens:
– Kämpfe verbrauchen Zeit und Energie.
– Kämpfende und erschöpfte Tiere fallen Feinden leicht zur Beute.
– Die Kämpfer können verwundet oder getötet werden.

Aber auch der **Lohn** der Aggression kann groß sein:
– Aggressive Tiere haben mehr Nahrung, attraktivere Reviere und durch einen höheren Rang leichteren Zugang zu Geschlechtspartnern und damit mehr Nachkommen. Ihre Fitness (S. 92) ist deutlich erhöht.

Die Kosten-Nutzen-Rechnung für aggressives Verhalten sieht, je nach Lebensweise, für jede Tierart anders aus:

▲ Die Kohlmeise muß für ihre Nestlinge etwa alle 30 Sekunden ein Beutetier finden. Für sie sind die Kosten für Rivalenkämpfe sehr hoch, zumindest während der Brutperiode. Mehr noch als die Verletzungsgefahr fällt die Zeitverschwendung ins Gewicht; denn jede Minute ist kostbar. ▼

▲ Die Gewinnprämie eines siegreichen Löwenmännchens ist neben dem Revier ein in der Kinderaufzucht und Jagd gut eingespieltes Rudel von Weibchen. So ist es kaum verwunderlich, daß die Rivalenkämpfe heftig sind und großer Zeitaufwand sowie ernste Verletzungen in Kauf genommen werden.▼

Abb. 174
Die Kiefer der Küssenden Guaramis sind vorstreckbare Raspeln mit deren Hilfe Algen von den Felsen abgeschabt werden. Beim Kampf klatschen die Fische ihre Mäuler aufeinander. Der Fisch mit dem kleineren Mund zieht sich zurück.
Siamesische Kampffische verbeißen sich heftig mit den Kiefern und versuchen die Flossen und Körperseiten des Gegners zu zerfetzen.

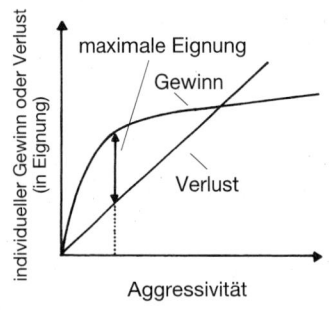

Abb. 175
Die Aggressivität eines Tieres kann in einem Optimierungsmodell mit einer Kosten-Nutzen-Rechnung ermittelt werden.

Signale können den Kampf beenden oder ersetzen

Oft kann ein Kampf durch **Drohverhalten** verhindert werden, weil es den Gegner einschüchtert. Beim Drohen wird die Angriffshaltung eingenommen, ohne wirklich anzugreifen. Bei vielen Tieren ist das Drohen ritualisiert. Man bezeichnet es dann als **Imponierverhalten**. Dabei vergrößert das Tier seinen Umriß durch Aufrichten von Haaren, Abspreizen von Federn oder Flossen, Aufblasen von Körperanhängen u.a. Dazu kann Knurren, Fauchen oder Schnarren kommen.

▲ Beim Drohimponieren der Katzen überlagern sich Elemente des Angriffsverhaltens, wie die gereckten Beine, mit solchen der Abwehr. Sie ziehen den Kopf ein und krümmen den Körper. ▼

Beim Drohen ist sowohl die Bereitschaft zum Angriff als auch die zur Flucht aktiviert (Abb. 177).
▲ Katzen buckeln quer zur Angriffsrichtung; aus dieser Stellung können sie fliehen oder angreifen. ▼

Abb. 176
Rappenantilopen kämpfen häufig in kniender Haltung. Dieses Ritual ermöglicht ihnen, ihre Kräfte zu messen, ohne die Gefahr, sich gegenseitig zu verletzen.

> Schädigende Folgen der Aggression werden oft durch Droh- oder Beschwichtigungsgebärden abgewendet.

Imponierverhalten beobachtet man auch bei Menschen:
▲ Menschen imponieren mit aufrechter Haltung, geschwollener Brust und erhobenem Kopf. Schulterklappen und -polster sowie besondere Hüte und Kappen verstärken diese Gesten. ▼
▲ Bei Erregung richten sich die Haare an Armen und Schultern auf; bei Wut haut man mit der Faust auf den Tisch, stampft mit dem Fuß auf den Boden und zeigt das Gebiß. ▼

Kommentkämpfe folgen festen Regeln

Meist wird der Kampf zwischen Artgenossen unblutig als Turnier- oder **Kommentkampf** ausgefochten (Abb. 176 und 178). Die gefährlichsten Waffen – Gebiß, Hörner, Geweih, Krallen oder Hufe – werden dabei nicht eingesetzt. „Die Tiere kämpfen mit behandschuhter Faust und stumpfem Florett." (LORENZ)
▲ Giftschlangen setzen beim Rivalenkampf ihre Giftzähne nicht ein; sie entscheiden ihre Duelle im Ringkampf (Abb. 178).▼
▲ Giraffen kämpfen gegen Rivalen mit den Hörnern, gegen Raubfeinde mit den Hufen. ▼
Bei vielen Tieren bestehen die Kämpfe zum großen Teil aus Geräuschen, Imponiergehabe und gegenseitigem **Kräftemessen**.
▲ Das Röhren des Platzhirsches kann dessen Kraft anzeigen und wirkt auf schwächere Artgenossen abschreckend. Etwa gleich starke Hirsche gehen langsam mit gesenkten Köpfen aufeinander zu. Dann lassen sie ihre Geweihe aufeinanderkrachen. Jeder versucht, den Rivalen in die Rippen zu stoßen und ihn dabei zu verletzen. Weil dieser dem Stoß ausweicht, bleibt es meist beim Hin- und Herschieben, wobei Geweih gegen Geweih drückt. Ist der Herausforderer nicht viel stärker als der Platzhirsch, so befreit er sich nach einiger Zeit und wendet sich zur Flucht. Er wird nur ein paar Schritte weit verfolgt. ▼

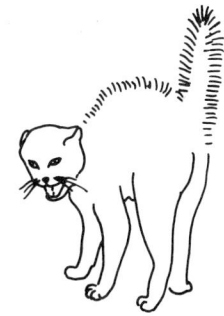

Abb. 177
Katzen machen sich beim Drohen möglichst groß.

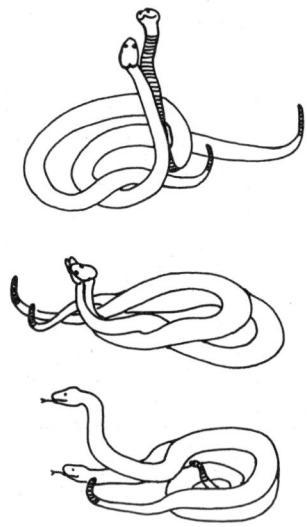

> Kommentkämpfe haben nicht die Ausschaltung des Gegners, sondern seine Unterwerfung zum Ziel.

Kommentkämpfe laufen ritualisiert – nach festen Spielregeln – ab. Sie haben überwiegend die Vorteile aggressiven Verhaltens, während die Kosten minimiert werden. Der Artgenosse wird geschont, ernsthafte Verletzungen werden vermieden. Das schwächere Tier, oft ein Jungtier, bleibt unbeschädigt. Die Regeln werden so strikt eingehalten, daß man sich an menschliche Moral erinnert fühlt. Man spricht daher von **moralanalogen Verhaltensweisen.**

Kommentkämpfe beobachtet man vor allem bei Arten, die fähig wären, ihre Rivalen schwer zu verletzen. Tierarten mit scharfem Gebiß oder anderen gefährlichen Waffen haben oft starke Tötungshemmungen. Diese Beobachtung bestätigt die Vorhersage des Falken-Tauben-Spiels (S. 96 ff.): Je mehr Punkte die Kämpfer im Falle einer Verletzung einbüßen, desto kleiner wird der Anteil der Beschädigungskämpfer an einer Population.

Abb. 178
Männliche Klapperschlangen benutzen ihre Giftzähne nicht, wenn sie gegeneinander kämpfen. Sie führen eine Art Ringkampf durch. Der Sieger legt sich auf den Kopf des Verlierers.

Beschädigungskämpfe sind selten

Manche Tierarten setzen im Kampf zwischen Artgenossen dieselben Waffen ein, wie gegenüber artfremden Feinden. (Abb. 173). Meist sind dies Tierarten, die sich gegenseitig kaum großen Schaden zufügen können. Es gibt aber auch Tiere mit tödlichen Waffen, die Artgenossen im Kampf umbringen.

▲ Wölfe können sich bei Rangordnungskämpfen so schwer verletzen, daß der Unterlegene seinen Verletzungen erliegt. ▼
▲ Schimpansen, Löwen und Ratten zeigen beim Kampf gegen andere Rudel keine Tötungshemmung . ▼

Wenn der Kampf trotzdem unblutig endet, so deshalb, weil sich der Unterlegene rechtzeitig durch Flucht entzieht oder durch **Demutsgesten** seine Niederlage anerkennt (Abb. 181). Der Sieger reagiert darauf mit einer Einstellung des Kampfes.

Abb. 179
Rothirsche schieben sich beim Rivalenkampf mit dem Geweih.

▲ Wenn der unterlegene Wolf dem Gegner seine verletzlichsten Teile darbietet, akzeptiert jener die Unterwerfung (Abb. 171). ▼

Tierarten mit geringer Bewaffnung oder gutem Fluchtverhalten fehlen solche Demutshaltungen. Werden solche Tiere in Gefangenschaft gehalten, wo Flucht unmöglich ist, so kommt es sehr oft zum Töten von Artgenossen. Auch bei Überbevölkerung kann Flucht schwer oder unmöglich werden.

Im Gehirn gibt es Programme für aggressives Verhalten

Ein immer noch stark umstrittenes Problem der Verhaltenskunde heißt: Gibt es einen Aggressionstrieb? Hat aggressives Verhalten eine eigene Handlungsbereitschaft?

Bei einigen Aggressionsformen wie geschlechtlicher Rivalität, Revierbehauptung und Rangstufenkampf gibt es eindeutig einen Drang zum Kämpfen. Er äußert sich in Angriffshandlungen gegen Artgenossen, auch wenn sie nicht herausgefordert werden.

– Aggressives Verhalten wird von **Hormonen** beeinflußt:
▲ Kastrierte Tiere sind weniger aggressiv. Durch Hormonbehandlung läßt sich aggressives Verhalten wieder hervorrufen. ▼
▲ Injektion des Hormons Prolaktin unterdrückt bei Fischen alle aggressiven Handlungen. ▼

– Im Gehirn gibt es feste **Programme** für aggressives Verhalten:
▲ Durch neurophysiologische Untersuchungen wurden bei Hühnern – wie bei vielen anderen Tieren – Aggressionsbereiche im Gehirn gefunden. ▼
▲ Wurden bei Affen Teile der Schläfenlappen des Gehirns entfernt, so verloren sie jegliche Angriffslust. Sie sanken in der Rangordnung auf die tiefste Stufe. Umgekehrt werden durch Reizung der Mandelkerne heftige Aggressionen hervorgerufen. ▼

– Im Gehirn gibt es auch Strukturen, die Aggressivität dämpfen:
▲ Trägt man bei Hunden oder Affen die Hirnrinde vom Hirnstamm ab, so befinden sich die Tiere in einem gereizten Dauerzustand und reagieren auch auf harmlose Reize aggressiv. ▼

– Aggression ist **genetisch programmiert**. Tiere können auf Aggressivität gezüchtet werden (Abb. 183).

– Aggression ist auch sozial bedingt.

Abb. 180
Der Kampf zwischen Wölfen besteht in einer wilden Beißerei, die in seltenen Fällen tödlich endet.

Abb. 181
Die unterlegene Waldspitzmaus zeigt das helle Bauchfell. Diese Demutsgeste beendet den Kampf.

Abb. 182
Eine junge männliche Grantgazelle nimmt Demuthaltung an vor einem Bock, der sich drohend nähert.

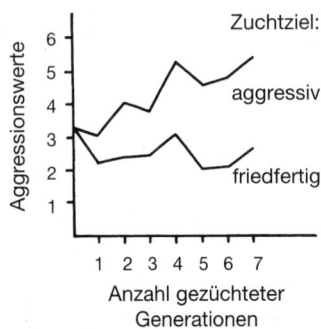

Zuchtziel:

aggressiv

friedfertig

Aggressionswerte

6
5
4
3
2
1

1 2 3 4 5 6 7
Anzahl gezüchteter
Generationen

Abb. 183
Durch Selektion gelang es Züchtern, in wenigen Generationen aus einer Population sowohl aggressive als auch friedfertige Mäusestämme zu züchten.

„Vor allem ist es aber mehr als wahrscheinlich, daß das verderbliche Maß an Aggressionstrieb, das uns Menschen heute noch als böses Erbe in den Knochen sitzt, durch einen Vorgang der intraspezifischen Selektion verursacht wurde, der durch Jahrzehntausende, nämlich durch die ganze Frühsteinzeit, auf unsere Ahnen eingewirkt hat."
KONRAD LORENZ

„Gerade die Einsicht, daß der Aggressionstrieb ein echter, primär arterhaltender Instinkt ist, läßt uns seine volle Gefährlichkeit erkennen: Die Spontaneität des Instinktes ist es, die ihn so gefährlich macht."
KONRAD LORENZ

In verschiedenen Zusammenhängen wie Revierverteidigung, Schutz der Jungen oder Reaktion auf Schmerzen, wird das Verhalten von jeweils anderen Gehirnzentren gesteuert und durch unterschiedliche Nervenbahnen und Hormondrüsen vermittelt.

▲ Eine Katze, die Junge verteidigt, greift einen Feind blitzschnell ohne Warnung an und verfolgt den fliehenden Angreifer. Dem Rivalenkampf der Kater dagegen geht ritualisiertes Drohimponieren voraus, der fliehende Gegner wird nicht verfolgt. ▼

Die Frage, ob es echtes Appetenzverhalten zur Aggression gibt, gehört zu den ungelösten Fragen der Biologie.

Das Aggressionsverhalten des Menschen ist vielschichtig

Zur Erklärung der Aggression beim Menschen wurden drei grundverschiedene **Aggressionstheorien** entwickelt. Die Auseinandersetzung zwischen den Vertretern der Theorien wird übrigens teilweise sehr aggressiv geführt.

1. Nach der **Instinkttheorie** sind aggressive Handlungen Erbkoordinationen mit eigener Motivation. Sie sind angeboren und können als Reaktion auf Außenreize oder spontan auftreten. Nach dem hydraulischen Instinktmodell (Abb. 57 und 59) wird jedesmal, wenn eine aggressive Handlung ausgeführt wird, die Bereitschaft zu weiteren aggressiven Taten herabgesetzt (Katharsis-Theorie).

2. Die **Frustrations-Aggressionstheorie** behauptet, daß aggressives Verhalten immer eine Folge von frustrierenden Erlebnissen ist. Als frustrierend wird erlebt, wenn eine zielgerichtete Handlung unterbrochen wird. Einige Psychologen betonen die besondere Wirkung frühkindlicher Frustration: das Geburtstrauma, das Abstillen oder die Erziehung zur Reinlichkeit. Eine pädagogische Konsequenz dieser Hypothese ist die antiautoritäre Erziehung, bei der versucht wird, Kindern jede Frustration zu ersparen.

3. Die **Lerntheorie** der Aggression geht davon aus, daß aggressives Verhalten stets erlernt ist. Dieses Lernen kann durch Belohnung aggressiver Handlungen geschehen (operante Konditionierung S. 69). Auch durch Nachahmung von Verhaltensweisen, die man selbst erfährt oder durch Beobachtung aus Filmen, Büchern und Zeitschriften wird aggressives Verhalten erworben.

Alle drei Theorien sind durch Beobachtungen und Versuche belegt. Sicher ist jede von ihnen für bestimmte Situationen zutreffend (Interaktionsmodell).

Die Soziobiologie nimmt an, daß sowohl genetische Faktoren als auch Erfahrung die Aggression mitbestimmen. Eine Population, die nur aus aggressionsfreien Mitgliedern besteht, ist evolutionär nicht stabil, weil ein aggressiver Eindringling die Ordnung zerstört (ESS vgl. S. 97). Aggressive Reaktionsmuster sind, wie andere Verhaltensweisen, an die Umwelt angepaßt (Abb. 175), wobei der Erfolg der Strategie wesentlich von der Strategie der Mitspieler abhängt. Dem Konfliktverhalten liegt demnach auch beim Menschen eine angeborene Disposition zugrunde. Diese liegt jedoch sicher als offenes, durch Lernen beeinflußbares Programm vor.

Außerdem hat der Mensch Möglichkeiten aggressiven Verhaltens, die bei Tieren nicht vorkommen. Er kann aggressive Handlungen bewußt planen und absichtsvoll durchführen oder befohlene Handlungen aus Gehorsam ausführen.

Die wertfreie Situation des Tieres gibt es beim Menschen nicht. Er muß nicht aggressiv sein. Sein Verstand gibt ihm die Möglichkeit, sein Verhalten zu kontrollieren und frei zu entscheiden. Aber sein Verhalten ist teilweise auch biologisch bedingt – nicht nur in Verhaltensbereichen wie Schlaf, Hunger, Durst und Sexualität, sondern auch bei Angst und Wut. Freier Entschluß und biologisch bedingte Verhaltenstendenzen ringen in vielen Lebenslagen um die Vorherrschaft. Der Mensch muß zwischen Gut und Böse unterscheiden.

9.6 Egoismus und Altruismus

Gegenseitigkeit und Altruismus nützen dem Empfänger

Jede Wechselbeziehung zwischen zwei Lebewesen beeinflußt die Überlebens- und Fortpflanzungschancen sowohl des Handelnden als auch des Empfängers der Handlung (Tab. 9):
- Handlungen, die für beide Partner vorteilhaft sind, beruhen auf **Gegenseitigkeit**.
- In menschlichen Gesellschaften begegnet man ab und zu Handlungen, die für beide Beteiligten von Nachteil sind – im Tierreich wurde **Haß** als Motiv noch nicht beobachtet.
- Sind Aktionen für den Handelnden von Vorteil, für seinen Partner aber von Nachteil, so spricht man von Egoismus oder **Eigennutz**.

„Aggressionen und Brutalitäten in Produktionen der Massenmedien setzen einen Lernprozeß in Gang. Sie stimulieren Kinder und Jugendliche. Sie laden sie aggressiv auf."
HERIBERT HEINRICHS

„Angesichts der Tatsache, daß Aggressivität von Natur aus im Dienste von mindestens neun verschiedenen biologischen Funktionen vorkommt, hat die Existenz eines davon unabhängigen, von sich aus zur Aggression drängenden Antriebes beim Menschen als unbewiesen zu gelten."
BERNHARD HASSENSTEIN

„Neuere Studien über Hyänen, Löwen und Languren [...] haben ergeben, daß dort tödliche Kämpfe, Tötung der Nachkommen und sogar Kannibalismus in einem Umfang vorkommen, der alles, was man aus menschlichen Gesellschaften kennt, weit übersteigt."
E.O.WILSON

Handelnder / Empfänger	Vorteil	Nachteil
Vorteil	Gegenseitigkeit	Altruismus
Nachteil	Eigennutz	Haß

Tab. 9
Wechselbeziehungen zwischen Handelndem und Empfänger einer Handlung verändern die Fitness von beiden zu ihrem jeweiligen Vor- oder Nachteil.

Abb. 184
Delphine helfen einem durch eine Harpune verletzten Artgenossen.

– Handlungen, bei dem ein Lebewesen zu seinem eigenen Nachteil den Vorteil eines anderen sucht, sind altruistisch. **Altruismus** oder Nächstenliebe ist das Gegenteil von Egoismus.

> Altruismus ist die Bereitschaft, anderen auf eigene Kosten zu helfen.

▲ Bei Wildhunden bleiben die Mütter bei ihren Welpen im Nest. Die Männchen bringen ihnen Nahrung von der Jagd mit.▼
▲ Delphine und Elefanten helfen verletzten und kranken Artgenossen (Abb. 184). ▼
▲ Bei Erdmännchen geben Babysitter auf die Jungen acht, solange die Mutter auf Jagd ist. ▼
Altruismus ist ein wesentliches Merkmal des Menschseins.

Eltern handeln altruistisch

Altruismus kommt regelmäßig im Bereich der Brutpflege und Brutfürsorge vor (S. 104 ff.). Vögel und Säugetiere füttern ihre Jungen mit großem Aufwand und verteidigen sie oft unter erheblichem Risiko für ihr eigenes Leben (Abb. 136).
▲ Ein Sandregenpfeifer lockt einen Räuber vom Nest weg und riskiert dabei, selbst erbeutet zu werden (Abb. 185). ▼
Im Hinblick auf die Evolution ist nicht das persönliche Wohlergehen eines Tieres entscheidend, sondern die Anzahl der Nachkommen, die seine Erbanlagen tragen. Jedes Verhalten, das der Weitergabe der Erbanlagen eines Lebewesens dient, ist in der Evolution vorteilhaft. Die Soziobiologie geht von der Annahme aus, daß jedes Lebewesen so handelt, daß ein möglichst großer Teil des eigenen Erbguts an folgende Generationen weitergegeben wird. Brutpflegehandlungen dienen damit unmittelbar der **Fitness** eines Individuums, denn die Brutpflege sichert die Weitergabe des Erbguts an die nächste Generation.

Altruisten handeln nicht selbstlos

Zwischen erwachsenen Tieren ist Altruismus erheblich seltener und bezieht sich meist auf vier Verhaltensbereiche:
– Altruisten teilen ihre Nahrung, auch wenn diese knapp ist.
  ▲ Im Löwenrudel wird die Beute unter allen Mitgliedern geteilt. ▼

- Altruisten helfen kranken und verwundeten Artgenossen (Abb. 184).
  ▲ Kranke und verletzte Tiere, die sich bei der Jagd nicht beteiligen, fressen im Löwenrudel gleichberechtigt mit. ▼
- Altruisten warnen oder verteidigen andere vor Feinden (Abb. 187).
  ▲ Bei Murmeltieren setzen sich einzelne Tiere auf einen kleinen Hügel, beobachten aufmerksam die Umgebung und warnen beim Annähern eines möglichen Feindes. Dabei haben sie oft große Mühe, selbst noch in den schützenden Bau zu gelangen. ▼
  ▲ Thomson-Gazellen warnen ihre Gefährten durch ritualisierte Sprünge vor Raubfeinden (Abb. 157). ▼
- Altruisten verzichten zugunsten anderer auf eigene Nachkommen.
  ▲ Bei vielen Vogelarten wurden Bruthelfer beobachtet, die selber keine Jungen aufziehen, stattdessen Paare mit Jungen unterstützen (Abb. 188). ▼

Zur Erklärung altruistischen Verhaltens gibt es vier Hypothesen:

1. Ein Verhalten scheint auf den ersten Blick altruistisch, ist bei genauer Betrachtung aber egoistisch: **Prinzip des Eigennutzes**.
   ▲ In Vogelschwärmen stößt ein Vogel beim Anblick eines Feindes einen Warnruf aus. Dadurch macht er den Feind auf sich aufmerksam, ermöglicht aber Schwarmgenossen, sich in Sicherheit zu bringen. Das Warnverhalten könnte ganz egoistische Motive haben: Wer als erster aus einem Schwarm auffliegt ist ein günstiges Ziel für den Feind. Wer einen Warnruf ausstößt, kann sich unbemerkt in Sicherheit bringen – er weiß ja, wo der Feind ist – solange die Schar auffliegt. ▼
2. Das Verhalten beruht auf wechselseitigem Altruismus. Wer anderen hilft, wird selbst auf Hilfe zählen können: **Prinzip der Gegenseitigkeit** (S. 137).
3. Altruisten fördern die Fortpflanzung der Artgenossen oder Gruppenangehörigen und nützen damit ihrer Art oder ihrer Gruppe: **Prinzip der Gruppenselektion** (S. 136).
4. Altruisten helfen nahen Verwandten mit teilweise gleichem Erbmaterial. Durch ihr Verhalten sorgen sie für die Weitergabe eigener Gene: **Prinzip der Verwandtenselektion** (S. 136).

Abb. 185
Der Sandregenpfeifer lockt einen Bodenfeind, der sein Nest bedroht, durch auffälliges Verhalten weg. Mit hochgestellten Flügeln und gespreiztem Schwanz führt er zuckende Bewegungen aus, wahrt dabei aber immer eine ausreichende Fluchtdistanz.

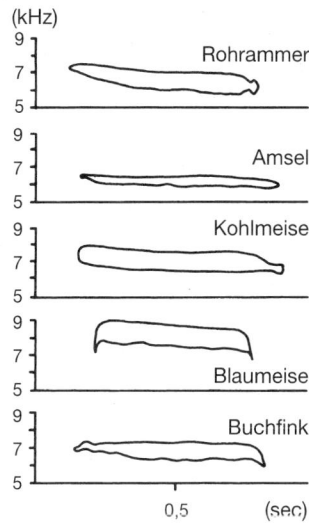

Abb. 186
Warnrufe klingen bei erstaunlich vielen Vögeln ganz ähnlich: Es sind gedehnte Laute mit hoher Frequenz, die weit zu hören, aber schwer zu orten sind. Sie helfen über die Artgrenzen hinweg.

Altruistisches Verhalten erhöht die Gesamtfitness

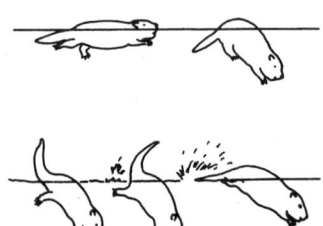

Abb. 187
Mit dem weit hörbaren Schwanz-schlag warnt ein Biber seine Art-genossen bei Gefahr.

Lange Zeit wurde der Altruismus unter dem Aspekt des **Nutzens für die Art** oder die soziale Gruppe betrachtet (Prinzip der Gruppenselektion). Man nahm an, daß Tiere ihren eigenen Erfolg zugunsten des Vorteils der Gruppe oder der Art opfern. Diese Hypothese verträgt sich jedoch nicht mit der Selektionstheorie Darwins.

Die **Soziobiologie** geht von der Annahme aus, daß jedes Lebewesen eigennützig handelt. Altruismus wird als eine besondere Form des Eigennutzes betrachtet. Die zentrale Behauptung der Soziobiologen heißt, daß das Sozialverhalten aller Lebewesen so organisiert ist, daß jedes Individuum danach strebt, möglichst viele eigene Gene an die folgende Generation weiterzugeben.

Die genetische Fitness besteht aus zwei Anteilen:

1. Die direkte Fitness (DARWIN-Fitness) wird gemessen an der Zahl eigener Nachkommen.
2. Die indirekte Fitness wird bestimmt durch die Nach-kommenschaft der Blutsverwandten.

Beide Anteile addieren sich zur **Gesamtfitness.** Die Ausbrei-tung eigener Gene wird – direkt oder indirekt – maximiert. Altruistisches Verhalten dient dann der Gesamtfitness des Handelnden, wenn es der Ausbreitung seiner Gene dienlich ist.

> Die Soziobiologie geht davon aus, daß dem Altruismus ein genetischer Egoismus unterliegt.

Abb. 188
Rotschnabel-Baumhopfe leben in Großfamilien. Während ein Paar Junge aufzieht, helfen verwandte Tiere bei der Aufzucht der Nach-kommen und bei der Verteidigung des Reviers.
Die Hilfe bei der Brutpflege scheint ein Geschäft auf Gegen-seitigkeit zu sein: Brutpflege-Hel-fer haben noch kein eigenes Re-vier. Als Helfer können sie im Revier ihrer Eltern verbleiben, und erhalten eine gute Chance, später dieses oder ein benachbartes Re-vier zu übernehmen. Außerdem erhöhen sie durch Füttern naher Verwandter ihre Gesamtfitness.

Altruismus dient meist der Verwandtenselektion

Altruistisches Verhalten wurde in solchen Gruppen beobach-tet, deren Angehörige miteinander verwandt sind. Das trifft auf Löwenrudel zu wie auf Elefantenherden, Delphinschulen und Murmeltiergruppen. Die Hilfe kommt also immer Ver-wandten zugute.

Altruistisches Verhalten erhöht dann die Gesamtfitness, wenn dadurch **verwandten** Tieren geholfen wird. Je näher ver-wandt zwei Individuen sind, desto mehr gemeinsame Gene haben sie (Abb. 189). Zwei Nichten oder Neffen sind rechnerisch im Sinne der Ausbreitung des eigenen Erbguts genausoviel wert wie ein eigenes Junges. Ein direkter Nach-komme hat 50% der Gene jedes Elternteils, Neffe und Onkel haben immerhin noch 25% gemeinsame Gene.

> Die Verwandtschaftstheorie erweitert den Begriff der Fitness. Sie bezieht neben den direkten Nachkommen auch die Gene der Verwandten mit ein.

Besonders augenfällig ist das altruistische Verhalten der sozialen Insekten wie Ameisen, Wespen und Honigbienen. Bei diesen Arten verzichten die Arbeiterinnen auf eigene Nachkommen. Sie pflegen und füttern stattdessen ihre Geschwister. Dieses Verhalten kann auf Grund der besonderen Verwandtschaftsverhältnisse im Bienenstaat besonders einfach durch Verwandtschaftsselektion begründet werden.

▲ Drohnen (männliche Honigbienen) entwickeln sich aus unbefruchteten Eiern, sind also haploid (Abb. 190). Die Weibchen, Arbeiterinnen und Königinnen, sind diploid; sie gehen aus befruchteten Eiern hervor. Die Wahrscheinlichkeit, daß ein bestimmtes Gen der Königin in einer ihrer Töchter vorkommt, ist gleich 50%. Schwestern besitzen also sämtliche Gene des Vaters, dazu die Hälfte der Gene der Mutter (Abb. 191). Dies bedeutet, daß die Bienen eines Volkes untereinander enger verwandt sind (zu 75%), als sie es mit ihren eigenen Kindern wären (50%)! Folglich verhalten sich die Arbeiterinnen angepaßt, wenn sie auf eigene Kinder verzichten und stattdessen ihrer Mutter bei der Aufzucht der jüngeren Geschwister helfen. ▼

Wenn man die Kosten und Nutzen des Verhaltens hinsichtlich des Fortpflanzungserfolgs berechnet, so ergibt sich, daß Altruismus gegenüber Verwandten ein günstiger Selektionsfaktor ist. Dieser Mechanismus wird **Verwandtenselektion** genannt. Verwandtenselektion als Evolutionsmechanismus maximiert die Gesamtfitness.

Kooperation dient dem Vorteil auf Gegenseitigkeit

Zusammenarbeit zum gegenseitigen Vorteil wurde auch bei Tieren beobachtet, die nicht miteinander verwandt sind.

▲ Vampirfledermäuse geben hungrigen Angehörigen ihrer Kolonie von ihrer Nahrung ab, auch wenn sie nicht mit diesen verwandt sind. ▼

Die Spieltheorie (S. 96) simuliert dieses Verhalten mit der Strategie „tit for tat" („wie du mir, so ich dir"). Diese Strategie beginnt mit dem Angebot zur Zusammenarbeit an jedes Gruppenmitglied. In der nächsten Runde verhält sich jeder so,

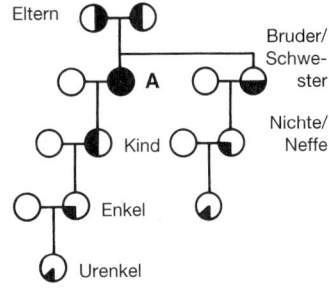

Abb. 189
*Nicht nur die eigenen Nachkommen, auch Geschwister und deren Nachkommen sind Träger gleicher Gene. Die Kinder von **A** haben, wie seine Eltern und Geschwister, 50% seiner Gene. Seine Enkel, Nichten und Neffen haben, wie Onkel und Tanten, noch 25% der Gene gemeinsam mit A.*

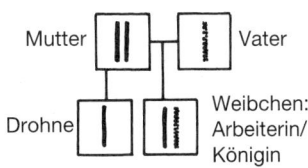

Abb. 190
Drohnen entstehen aus unbefruchteten Eiern der Königin. Sie haben nur einen Chromosomensatz, den sie an alle ihre Töchter weitergeben. Weibliche Bienen gehen aus befruchteten Eiern hervor. Sie haben einen doppelten Chromosomensatz. Die Königin gibt nur einen dieser Sätze an ihre Nachkommen weiter.

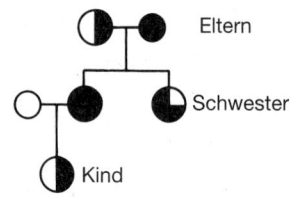

Eltern

Schwester

Kind

Abb. 191
Jede weibliche Biene hat die Hälfte der Gene ihrer Mutter geerbt, dazu alle Gene ihres Vaters. Schwestern haben daher drei Viertel aller Gene gemeinsam. Ihren Kindern geben sie nur die Hälfte ihrer Gene weiter: Sie sind also mit ihren Schwestern näher verwandt als sie es mit ihren Kindern wären.

wie sich der Spielpartner in der letzten Runde verhalten hat: Er läßt sich nur einmal übers Ohr hauen. Egoismus wird also bestraft, Kooperation belohnt. Bei Computersimulationen waren die Egoisten zunächst im Vorteil, nach vielen Generationen lagen jedoch die kooperationsbereiten Tiere klar vorne. Systeme auf Gegenseitigkeit sind zwar durch das Auftreten von Betrügern gefährdet. Trotzdem ist die auf Dauer erfolgreichste Strategie ein „generöses tit for tat". Diese Strategie verzeiht egoistisches Gebaren mit einer gewissen Wahrscheinlichkeit. Nur diese Strategie ist in der Lage, auf kleine Abweichungen und Fehlinterpretationen variabel zu reagieren.
▲ Auch bei Affen, Kohlmeisen und Schwalben wurde die Strategie des „tit for tat" beobachtet. ▼

Soziobiologen versuchen das menschliche Sozialverhalten zu erklären

Die Soziobiologie hat in den letzten Jahren zu einem radikalen Umdenken vieler Verhaltensbiologen geführt. Einige Soziobiologen erheben den Anspruch, das Verhalten des Menschen prinzipiell erklären zu können und haben damit heftige kontroverse Diskussionen ausgelöst. Erklären heißt in diesem Zusammenhang, die evolutionsbiologischen Gründe für ein Verhalten angeben zu können. Menschliche Heiratsmuster, Vermeidung von Inzucht, Generationenkonflikte und Kriege werden durch Kosten-Nutzen-Rechnungen begründet. Verwandtenselektion beim Menschen erklärt so alltägliche Erscheinungen wie Nepotismus (Vetternwirtschaft), Tribalismus (Bevorzugung des eigenen Stammes) und Nationalismus; letzteren allerdings nur, wenn man davon ausgeht, daß die Angehörigen einer Nation miteinander verwandt sind.

9.7   Sozialverhalten der Primaten

Das Sozialverhalten der Primaten ist mannigfaltig

Primaten zeigen ein breites Spektrum sozialer Organisationsformen. Den typischen Primatenverband gibt es nicht.
▲ Viele Halbaffen sind Einzelgänger und suchen nur während der Paarungszeit einen Partner. ▼
▲ Weißhandgibbons verteidigen paarweise Territorien, in denen sie ihre Jungen versorgen und aufziehen. ▼

Die meisten Affen leben in individualisierten Verbänden. Jede Gruppe ist ein kompliziertes Netzwerk von Rang- und Rollenbeziehungen. Auch den Affen sind einfache Bewegungsmuster wie Droh-, Unterwerfungs- und Annäherungsgesten angeboren. Es gibt aber keine stereotypen Handlungsketten. Das Gruppenverhalten muß im ständigen Kontakt mit der Gruppe erlernt werden. Infolge ihrer hohen Lernfähigkeit und der langen Jugendzeit können Primaten neue Rollen schnell besetzen und ausüben. Diese Rollen sind nicht starr, sie sind von den Eigenarten ihrer Träger bestimmt und werden laufend neu definiert. Primaten können das Verhalten von Gruppengenossen in vielen Situationen recht genau einschätzen.

Steppenpaviane leben in großen Verbänden

Steppenpaviane bewohnen offene Landschaften. Sie bilden Trupps von 30 bis über 100 Tieren. Die Wohngebiete verschiedener Gruppen überschneiden sich, sie werden nicht als Territorien verteidigt. Die Gruppen gehen sich aus dem Wege, können sich aber an Wasserstellen gelegentlich treffen.
Die Weibchen bilden den Kern des Paviantrupps, sie bleiben ein Leben lang in ihrer Geburtsgruppe; Männchen verlassen diese, wenn sie erwachsen sind.
In der Paviangruppe gibt es keine dauerhaften Paarbindungen. Weibchen bevorzugen bei der Partnerwahl die dominanten Männchen. Männchen arbeiten oft zusammen, um ihre soziale Stellung zu verteidigen und um Mütter und Kinder zu schützen.
Der Paviantrupp hat keinen Anführer. Eine Gruppe ranghöchster Männchen übernimmt die Führung. Bei Wanderungen wird oft eine klare Marschordnung eingehalten (Abb. 193). Die ranghöchsten Männchen verteidigen den Trupp gegen Angriffe von Leoparden (Abb. 194). Bei der Flucht vor Löwenrudeln übernehmen sie die Nachhut, während der Trupp auf Bäume flieht.

Abb. 192
Ein Mantelpavian nimmt einem dominanten Tier gegenüber Demutstellung ein und bedroht gleichzeitig einen Dritten (Schutz-Drohhaltung). Wenn dieser zurückdroht, fühlt sich das dominante Tier bedroht.

Abb. 193
Paviane bewegen sich in einer disziplinierten Marschordnung. Die ranghohen Männchen (schwarz) sind im Zentrum der Gruppe bei den Weibchen und Jungtieren. Sie werden von den Jugendlichen umgeben. Rangtiefere Männchen (•) übernehmen Vorhut und Flankendeckung.

Abb. 194

Trifft ein Paviantrupp auf einen Leoparden, so rücken die ranghohen Männchen (schwarz) gegen den Feind vor, die rangtieferen Männchen (•) stehen etwas zurück. Weibchen und Junge retten sich auf Bäume oder Felsen.

Das Ritual der Fellpflege nimmt einen großen Teil des Tages in Anspruch. Ranghohe Männchen werden bevorzugt gelaust. Gegenseitige Körperpflege ist wichtig für die Fühlungnahme und den Zusammenhalt der Gruppe.

Schimpansen leben in Horden

Schimpansen leben in Horden von zwölf bis 60 Tieren zusammen. Alle Tiere kennen sich persönlich. Die ganze Horde findet sich nur selten zusammen (Sammlungs-Trennungs-Gemeinschaft). Trupps wechselnder Zusammensetzung durchstreifen ihr Wohngebiet nach Futter. Am stabilsten sind die Mutterfamilien eines Weibchens mit seinen Jungen. Tiere, die sich nach einer Trennung wieder begegnen, begrüßen sich durch Berühren, Küssen, Streicheln oder Umarmen. Es gibt keine Leittiere; die Rangordnung innerhalb der Gruppe ist recht locker, auf das Paarungsverhalten hat sie keinen Einfluß. Schimpansen teilen ihre Nahrung oft miteinander; gebettelt wird – wie bei Menschen – mit der hohlen Hand. Ausdauernde gegenseitige Körperpflege bewahrt und festigt soziale Beziehungen. Auseinandersetzungen in der Gruppe sind kurz und laut, sie bestehen vor allem aus Imponiergehabe.

Kleine Männergruppen durchstreifen regelmäßig ihr Territorium bis zu seinen Grenzen. Gruppen der Nachbarhorde werden, wenn sie etwa gleich groß sind, durch wilde Tänze und Geschrei beeindruckt, größeren Gruppen versucht man unbemerkt zu entkommen. Zwischen benachbarten Horden kann es zu feindlichen Auseinandersetzungen kommen. JANE GOODALL berichtet von der Ausrottung einer Horde im Gombe Nationalpark am Tanganyikasee: Eine Schimpansenhorde drang wiederholt in das Gebiet der Nachbarhorde ein, rottete diese schließlich in blutigen Kämpfen aus und übernahm mit deren Gebiet auch die jüngeren Weibchen. Im Kampf wurden Waffen wie Stöcke, Steine und Felsbrocken verwendet.

Literatur:
Jane van Lawick-Goodall: Wilde Schimpansen. Reinbek bei Hamburg 1971.
Jane Goodall: Ein Herz für Schimpansen. Hamburg 1991.
Dian Fossey: Gorillas im Nebel. München 1989.

Menschen sind soziale Wesen

Zuwendung und Zusammenarbeit sind charakteristische Komponenten menschlichen Verhaltens. Menschen der Frühzeit haben wahrscheinlich gemeinsam gejagt und gesammelt und dann ihre Beute miteinander geteilt. Die meiste Zeit ihrer Geschichte waren die Menschen Mitglieder überschaubarer, weitgehend geschlossener, individualisierter Gruppen. In Jäger-und Sammler- Gesellschaften widmen sich die Männer überwiegend der Jagd, Frauen sammeln pflanzliche Nahrung. Auch bei der Jagd herrscht Arbeitsteilung. Die einzelnen Jäger übernehmen unterschiedliche Rollen, was die Effektivität der Gesamthandlung erheblich erhöht. Sammler- und Jäger-Gesellschaften sind nur wenig hierarchisch organisiert. Das Prinzip der Gegenseitigkeit steht einer ausgeprägten Rangordnung entgegen.

Heute leben die meisten Menschen in anonymen, offenen Verbänden. Der Verlust der individualisierten Gemeinschaft schafft eine Fülle von Konflikten. Gerade in der Masse leiden viele Menschen an Einsamkeit. Die Suche nach humanen Formen des Zusammenlebens ist daher vielen modernen Gesellschaften gemeinsam.

10 Tiere in der Obhut des Menschen

10.1 Tiere als Hausgenossen

Haustiere prägen das Verhältnis zwischen Mensch und Tier

Während die Zahl der Wildtiere zurückgeht, nimmt die Zahl der Haustiere ständig zu. Heimtiere sind zunehmend Gefährten und Kameraden des Menschen und prägen die Einstellung der Menschen zu den Tieren.

Der Schlüssel zum Verständnis des Verhaltens von Haustieren liegt zunächst in der Kenntnis ihrer wilden Verwandten. Haustiere haben einen großen Teil ihres Verhaltensrepertoires von ihren wilden Vorfahren geerbt.

▲ Haushunde sehen ihren Herrn als Rudelkumpan an, mit dem sie ihre Kräfte messen. Wenn sie ihn als Rudelführer anerkennen, erweisen sie ihm Treue und Anhänglichkeit. ▼

▲ Hunderüden heben an markanten Geländestellen ihr Bein; das Wolfsrudel grenzt sein Jagdrevier durch Duftmarken ab.▼

Allerdings gibt es eine ganze Reihe von Unterschieden:
– Das Gehirngewicht der Haustiere ist deutlich kleiner.
  ▲ Das Hundegehirn wiegt etwa 30% weniger als das des Wolfs. ▼
– Die Sinne wurden im Verlauf der Domestikation durchweg weniger leistungsfähig, auch die Aufmerksamkeit sank.
– Das Verhaltensrepertoire der Haustiere ist kleiner. Dies betrifft vor allem die Funktionskreise des Flucht- und Sozialverhaltens. So ist die Aggressivität meist geringer, das Revierverhalten schwächer ausgeprägt, die Kommunikation weniger differenziert. Beim Beutefangverhalten können einzelne Erbkoordinationen ganz ausfallen.
  ▲ Es gibt Hauskatzen, die Mäuse jagen, sie aber nicht töten und andere, die töten aber nicht fressen. ▼

Viele Verhaltensweisen erwachsener Haustiere gleichen dem Verhalten junger Wildtiere. Eine Entwicklungshemmung, die Jugendmerkmale einer Art als dauernde Eigenschaften fixiert, bezeichnet man als **Neotenie**. Neotenie erklärt viele Aspekte im Verhältnis zwischen dem Halter und seinem Haustier.

▲ Hunde haben in der Familie etwa die Rolle subdominanter Jungtiere im Rudel. ▼
▲ Das Schnurren und der Milchtritt erwachsener Katzen sind kindliche Verhaltensweisen. ▼
Auch die Lernfähigkeit und die Neugier erwachsener Haustiere ist ein solches Jugendmerkmal.

10.2 Haltung von Nutztieren

Tierhaltung muß artgemäßes Verhalten ermöglichen

Etwa 20-30 Tierarten werden vom Menschen als Nutztiere gezüchtet. Seit Kurzem werden Erkenntnisse der Verhaltensbiologie auf die Tierhaltung übertragen.
– Die Kenntnis von Nahrungs- und Freßgewohnheiten kann die Zuchterträge deutlich erhöhen.
– Tiere, die als Samenspender für künstliche Befruchtungen gehalten werden, können durch geeignete Schlüsselreize dazu gebracht werden, Attrappen zu bespringen.
– Am Verhalten kann man die Empfängnisbereitschaft von Tieren ablesen und die Besamung zur richtigen Zeit vornehmen.
– Die Verhaltenskunde kann dazu beitragen, daß die moderne Tierhaltung ein Gleichgewicht zwischen dem Wohlergehen der Tiere und wirtschaftlicher Produktivität findet. Vor allem bei der Massentierhaltung stoßen Gewinnmaximierung und ethische Forderungen nach effektivem Tierschutz aufeinander.

Das deutsche Tierschutzgesetz fordert, daß sich Nutztiere artgemäß verhalten können. Es ist die Aufgabe von Verhaltensbiologen, Aussagen über **„artgemäßes Verhalten"** zu machen. Die Kenntnis des Verhaltensinventars der Haustiere ist dazu unbedingt erforderlich. Das Verhalten der domestizierten Tiere wird oft, aber nicht immer durch die Kenntnis der Wildform verständlich. Durch die Domestikation hat sich das Verhaltensinventar geändert, oft haben verschiedene Rassen einer Art unterschiedliche Bedürfnisse. Was im Speziellen einem Tier einer bestimmten Art Leiden verursacht, ist eine Frage an die Verhaltensbiologie.

„Mensch und Tier sind in vielfältiger Weise aufeinander bezogen. Seit der frühen Menschheitsgeschichte sind Tiere für den Menschen Jagdbeute und Nahrung. Er verfügt über sie mit dem gleichen Herrschaftsanspruch, mit dem er auch die unbelebte Natur für seine Zwecke umgestaltet. Um sich Nahrung und Kleidung zu sichern, hat er sie zu Haustieren gemacht und durch zielbewußte Zucht ihre Anpassung an seine Bedürfnisse erreicht. Seitdem die Ergebnisse der Wissenschaft dem Menschen die Möglichkeit geben, Lernprozesse durch Variation der Außen- und Innenfaktoren zu steuern, sind Tiere in modernen Wirtschaftsbetrieben zu Nahrung produzierenden und Nahrung liefernden Apparaturen geworden. Anspruch und Möglichkeit der Herrschaft des Menschen über die lebende Natur werden hier in erschreckendem Ausmaß sichtbar."
GERTRUD SCHROOTEN

Massentierhaltung ist wirtschaftlich

Wer ein Tier hält, betreut oder zu betreuen hat, muß das Tier seiner Art und seinen Bedürfnissen entsprechend angemessen ernähren, pflegen sowie verhaltensgerecht unterbringen und darf die Möglichkeit des Tieres zu artgemäßer Bewegung nicht so einschränken, daß ihm Schmerzen oder vermeidbare Leiden oder Schäden zugefügt werden.

Tierschutzgesetz § 2

Die Intensivhaltung von Tieren ist auf Effizienz und wirtschaftlichen Ertrag ausgerichtet. Um mehr Profit aus tierischen Produkten zu schlagen, werden Tiere teilweise unter Bedingungen gehalten, unter denen sie viele Verhaltensweisen, die sie unter anderen Bedingungen zeigen, nicht äußern können. Massentierhaltung bedingt z.B. eine Konzentration vieler Tiere auf engstem Raum.

▲ Kälber verbringen ihr Leben in dunklen Ställen in Mastboxen von 1,5 m^2, in denen sie sich nicht umdrehen können. Sie erhalten nur flüssige Nahrung, um weißes Fleisch zu produzieren. ▼

▲ Spaltenböden ohne Einstreu für Schweine und Kühe bedeuten eine enorme Arbeitsersparnis, weil Kot und Urin durchfallen. ▼

▲ Trächtige Sauen werden in nicht eingestreuten Boxen auf der Seite liegend angebunden, damit sie die Ferkel nicht erdrücken. ▼

Käfighaltung ermöglicht rationelle Eierproduktion

„Ich bin ein Käfighuhn und kein Mistkratzer mehr –
Ich bin kein wildes Huhn mehr, sondern eine Spezialzüchtung –
Ich werde vorzüglich versorgt –
Wenn ich wirklich unglücklich wäre, würde ich nicht so viele Eier legen –
Ich lege die qualitativ besten und preiswertesten Eier –
Als Mistkratzer kämen meine Eier die Verbraucher teuer zu stehen –
Überall auf der Welt werden die Hühner in Käfigen gehalten –
Ich lege meine Eier nicht illegal –“

Deutsche Geflügelwirtschaft e.V., zitiert nach Religionspädagogische Hefte Nr.6, 1986.

Es gibt drei Formen der Massenhaltung von Hühnern :

1. Bei **Auslaufhaltung** steht jedem Tier eine genügend große Bewegungsfläche (mehr als 10 m^2) im Freiland zur Verfügung.
2. Bei **Bodenhaltung** im Stall werden bis zu 7 Hühner pro m^2 untergebracht.
3. **Käfighaltung** (in Legebatterien); als Mindestfläche sind 450 cm^2 pro Huhn (das sind 3/4 einer DIN A4-Seite; Abb. 195) und 10 cm Platz an der Futterrinne vorgesehen. Drei bis vier Hühner teilen sich einen Käfig der 38 cm breit und 45 cm hoch ist und dessen Boden mit einem schrägen Drahtgitterrost versehen ist. So leben zur Zeit etwa 90% der Hühner in Deutschland; in der Schweiz ist Käfighaltung verboten.

Käfighaltung bietet die günstigsten Voraussetzungen einer rationellen Produktion von Eiern auf kleinstem Raum und bei geringen Kosten. Viele Geflügelhalter halten die Leistungsfähigkeit eines Tieres für das entscheidendes Kriterium seines Befindens. Sie sind der Ansicht, daß Gesundheit, hohe Legeleistung und normales Wachstum als Ausdruck des Wohlbefindens zu deuten sind.

Abb. 195
Die vier Ecken auf dieser Doppelseite geben etwa die Fläche an, die einem Huhn bei Käfighaltung zur Verfügung steht.

Käfighühner können kein artspezifisches Verhalten zeigen

Als **Vorteile** der Käfighaltung werden angeführt, daß
- mehr Tiere überleben als im Freiland. Im Freiland drohen Habicht, Fuchs und Marder. Allerdings können die Verluste durch Anwesenheit von Hähnen verringert werden.
- Hackwunden, tödliche Hackkämpfe und Kannibalismus – typische Erscheinungen in Großherden bei Bodenhaltung – im Käfig selten vorkommen. Hacken setzt einen Individualabstand voraus, der im Käfig nicht vorkommt.
- Streß weitgehend ausgeschaltet ist, weil die Rangordnung während des ganzen Lebens ungestört bleibt und weil um Futter nicht gekämpft werden muß.

Gegen Käfighaltung spricht
- die Langeweile. Die Hühner haben nichts anderes zu tun als zu fressen, zu trinken und Eier zu legen. Ansonsten sind sie zu dauernder Untätigkeit gezwungen.
- Fast alle Instinktbewegungen werden dauernd frustriert. Käfighühner haben keine Möglichkeiten, Verhaltensweisen wie Gehen, Laufen, Fliegen, Futterpicken, Scharren, Sandbaden oder Schnabelwetzen zu zeigen. Streckbewegungen, Schwanzschütteln und Flügelschlagen sind selten.
- Das energiereiche Futter macht die Tiere schnell satt, lange bevor der Antrieb zum Picken erloschen ist.
- Die Hühner zeigen fortwährend Appetenz nach auslösenden Reizsituationen. Sie zeigen Übersprungbewegungen wie Federpicken ins eigene Gefieder oder das der Nachbarn, Kammpicken, Zehen- und Afterpicken. Staubbadebewegungen werden oft mit großem Kraftaufwand im Leerlauf ausgeführt.
- Picken und Scharren sind im Verhaltensprogramm der Hühner einander zugeordnet, im Gitterkäfig ist Scharren unmöglich.
- Es gibt keine Individualdistanz, keine Rückzugsmöglichkeit, sondern nur dauernde Konfliktsituationen, ohne Möglichkeit zu fliehen.
- Besonders qualvoll ist für Hühner, wenn sie sich zum Legen nicht zurückzuziehen können. Sie unternehmen regelmäßig vor dem Legen Ausbruchsbewegungen.
- Ein Sozialverhalten mit Revierverteidigung und fester Rangordnung ist kaum ausgeprägt.
- Sexualität ist vollständig aus ihrem Leben eliminiert.

Unnatürliche Haltungsbedingungen führen zu schwersten Verhaltensstörungen wie stereotypen Bewegungen, exzessiver Aggression, Kannibalismus und Apathie.

„[…], die geistige Grundhaltung aber, die den Verbrechen gegen Tiere wie gegen Kinder zugrunde liegt, ist genau dieselbe."
KONRAD LORENZ

„Mit derselben axiomatischen Sicherheit, mit der wir in unseren Mitmenschen das Vorhandensein einer Seele, das heißt die Fähigkeit zum subjektiven Erleben, voraussetzen, tun wir das auch bei höheren Tieren. Ein Mensch, der ein höheres Säugetier, etwa einen Hund oder einen Affen, wirklich genau kennt und nicht davon überzeugt wird, daß dieses Wesen ähnliches erlebt wie er selbst, ist psychisch abnorm und gehört in die psychiatrische Klinik, da eine Schwäche der Du-Evidenz ihn zu einem gemeingefährlichen Monstrum macht."
KONRAD LORENZ

Hühner wählen das Freiland

Das Verhalten von Tieren in Wahlsituationen dürfte eine vernünftige Regel für ihr Wohlbefinden sein. Aus evolutionärer Sicht sollten Tiere gewöhnlich wissen, was für sie am besten ist und auf dieser Basis Entscheidungen treffen. Viele Tiere meiden neue oder ungewohnte Situationen, so daß Alternativen nur dann untersucht werden können, wenn beide vertraut sind.

▲ Können Hühner zwischen engen Käfigen mit Sandboden und größeren Käfigen mit Drahtgitterboden wählen, so wählen sie den Sand. ▼

▲ Gibt man Hühnern die Möglichkeit, an einer T-förmigen Verzweigung zu wählen, ob sie ins Freie oder in eine Legebatterie gehen wollen, so wählen alle Hühner, die bisher im Freiland lebten, den Auslauf. Hennen aus Batterien wählen anfangs ihre gewohnte Umgebung. Doch eine kurze Erfahrung mit dem Freiland reicht aus, ihre Präferenz zu ändern. Nach einigen Wiederholungen bevorzugen alle den Auslauf ins Freie. ▼

Leiden und Wohlbefinden sind nicht meßbar

Eine Reihe von Befunden weist darauf hin, daß Tiere Schmerz ganz ähnlich empfinden wie Menschen.

– Viele Tiere zeigen ähnliche physiologische Reaktionen wie wir, wenn ihnen Reize geboten werden, die für Menschen schmerzhaft sind.

– Trennt man Tiere von ihren Partnern, Müttern oder Kindern, zeigen sie Verhaltensweisen, die menschlicher Trauer ähneln.

– Bei Gefühlsregungen wie Trauer, Freude oder Streß zeigen Vögel und Säuger dieselben Symptome wie die Menschen.

– Das ZNS jedes höheren Tieres ist so angelegt, daß es ein bestimmtes Maß an Außenreizen empfangen muß. Mit einer an Sicherheit grenzenden Wahrscheinlichkeit ist das Erleben reizarmer Situationen für ein Tier nicht weniger quälend als für uns Menschen. Vielleicht ist es für das Tier noch qualvoller, weil ihm Einsicht in die Situation und Hoffnung fehlen.

– Schmerzstillende Mittel führen bei Tieren zu ähnlichen Wirkungen und Verhaltensänderungen wie bei Menschen.

– Angstlösende und beruhigende Substanzen werden in Tierversuchen an Nagetieren und Affen getestet.

- Emotionale Vorgänge spielen sich beim Menschen im Wesentlichen im Hirnstamm und im limbischen System ab. Diese sind bei höheren Säugetieren ähnlich ausgebildet wie bei Menschen.
- Man kann bei der Abschätzung des Schmerzes von Tieren annehmen, daß es leidet, wenn es in eine Situation gebracht wird, die es normalerweise meidet.

Niemand weiß sicher, was in einem Tier vorgeht, ob es leidet und worunter es leidet. Subjektive Erlebnisse anderer Wesen sind uns nicht mit letzter Sicherheit zugänglich. Es gibt kein allgemein akzeptiertes Maß für Schmerzen oder Freude. Den Menschen als Modell für Tiere heranzuziehen, bringt Gefahren mit sich. Andererseits kann man **nur** über eine analoge Betrachtung eigener geistiger Erlebnisse zu Schlußfolgerungen auf die Erlebnisse anderer gelangen (**Analogieschluß**). Sieht man einen Menschen leiden, so wird man dieses nicht aus dem Grund ignorieren, weil nicht beweisbar ist, ob das Leiden dieser Person dem eigenen entspricht. Das Leiden von Tieren wird sich – wie seelisches Leiden anderer Menschen – niemals unwiderlegbar beweisen lassen. Aber die Hypothese, daß höhere Wirbeltiere Lust und Leid, Angst und Resignation kennen, hat eine sehr hohe Wahrscheinlichkeit.

„Wir wissen nur, daß Tiere mit ganz großer Wahrscheinlichkeit unter peinigenden Empfindungen leiden, wenn sie in ihrem Lebensvollzug gestört oder gar gefährdet sind und dann alle Kraft, Erfahrung und Intelligenz aufwenden, um solche Gefahren zu vermindern oder sich von ihnen zu befreien. Alle Lebewesen haben demnach ein vitales und keineswegs nur vernunftabhängiges Interesse, sich wohl zu fühlen, Schmerzen, Leiden oder Schäden zu vermeiden. Der Umstand, daß Tiere dieses Interesse nur sprachlos und für den Menschen in nicht immer unmittelbar einsichtiger Weise ausdrücken können, ist kein Grund, von solchen Interessen zu sagen, daß der Mensch sie nicht kenne."
GOTTHARD M. TEUSCH

Tierschutz wird unterschiedlich begründet

Das Urteil der Verhaltensbiologen über die ethische Begründung des Tierschutzes ist nicht einheitlich. Zur Frage, ob Tiere Interessen haben, die es zu vertreten gilt, nehmen Verhaltensforscher unterschiedliche Positionen ein:
- Viele Wissenschaftler (Zitate von K. LORENZ [S. 145] und G. TEUSCH [S. 147]) setzen die Fähigkeit zu Lust und Leid bei Tieren wie bei Menschen voraus. Sie fordern einen Schutz der Rechte und Interessen von Tieren um ihrer selbst willen.
- Andere (Zitat von W. WICKLER) weisen darauf hin, daß uns die Interessen der Tiere nicht bekannt sind, daß das Leiden von Tieren nicht meßbar ist. Sie lehnen tierquälende Praktiken allein wegen ihrer verrohenden Wirkung auf das Verhalten des Menschen ab – fordern also Tierschutz, um Menschen zu schützen.

„Ich bin Leben, das leben will inmitten von Leben, das leben will."
ALBERT SCHWEITZER

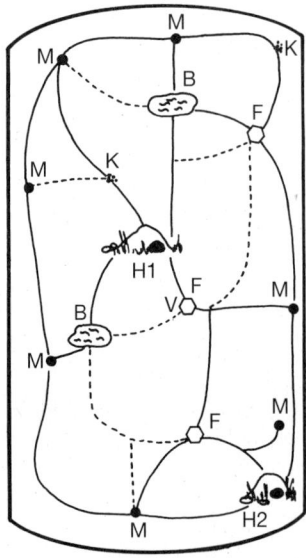

10.3 Tiere im Zoo

Der Zoo bringt Tiere dem Menschen nah

Der Zoo ist eine wichtige Bildungseinrichtung. Seine Bedeutung nimmt zu, weil er allein den unmittelbaren Kontakt zwischen verstädterten Menschen und wild lebenden Tieren vermittelt. So ermöglicht der Streichelzoo vielen Kindern die einzige Möglichkeit, mit Tieren Kontakt aufzunehmen.
Viele wichtige Erkenntnisse der Verhaltensbiologie wurden durch Beobachtung von Zootieren gewonnen.

Das Gehege ist ein Ersatzlebensraum

Unter dem wachsenden Einfluß der Verhaltensbiologie sind neue Formen der Tierhaltung entstanden. Die Tierzwinger der Menagerie wurden weithin in großzügige Tierparks verwandelt. Die **Tiergartenbiologie** berücksichtigt die Ergebnisse der Verhaltenskunde, um Tiere so zu halten, daß sie möglichst viele arteigene Verhaltensweisen zeigen können. Soziale Tiere werden in Gemeinschaften gehalten und können weitgehend natürliche Sozialsysteme aufbauen. Eine weitgehend natürliche Haltung der Tiere im Zoo hat viele Vorteile.

– Sie erleichtert die Fortpflanzung. Eine wichtige Aufgabe des Zoos ist die Erhaltung bedrohter Arten. Im günstigsten Falle ist eine spätere Auswilderung möglich.
– Tiere, die ihre Bedürfnisse artgemäß befriedigen können, zeigen Gesundheit und Wohlbefinden
– Die Beschauer können sich ein Bild vom Verhalten des Tieres in seiner Umwelt machen.

Der Einblick in die Rolle der Territorien hat die Idee vom in völliger Freiheit lebenden Wildtier widerlegt. Auch in der Natur leben die meisten Tiere territorial; sie verlassen ihre Reviere selten oder nie. Bei der Gestaltung der Gehege ist weniger die Größe als die Einrichtung ausschlaggebend. Wichtig ist, daß die Tiere Stellen in ihren Gehegen vorfinden, die für ihre artspezifischen Verhaltensweisen von Bedeutung sind und die dem Tier Geborgensein vermitteln (Abb. 196), z.B. Tränken, Kratzbäume und Rückzugsgebiete. Für manche Tätigkeiten wie Nestbau oder Körperpflege brauchen sie geeignetes Material.

H1: Heim erster Ordnung:
      Ort höchster Geborgenheit
H2: Heim 2. Ordnung
F: Futterstelle
M: Markierungsstelle
K: Kotplatz
V: Vorratsstelle
B: Badeplatz und Tränke
— Grenze des Territoriums
      Nebenwechsel
— Hauptwechsel

Abb. 196
Der Wohnraum eines Tieres stellt sich als ein System bedeutsamer Fixpunkte dar, die durch Wechsel miteinander verbunden sind.

Liste der Tierarten

in systematischer Ordnung

Stamm: Einzeller

Augentierchen *Euglena gracilis*

Stamm: Plattwürmer

Strudelwurm *Planaria gonocephala*

Stamm: Weichtiere

Auster *Ostrea edulis*

Stamm: Ringelwürmer

Regenwurm *Lumbricus terrestris*

Stamm: Gliederfüßer

Klasse: Spinnentiere

Springspinne *Epiblemum scenicum*
Kreuzspinne *Araneus*

Klasse: Insekten

Termiten [Fam. *Termitidae*]
Grille *Teleogryllus oceanicus,*
  Teleogryllus commodus
Amerikanische Schabe
  Periplaneta americana
Schwebfliege [Fam. *Syrphidae*]
Taufliege *Drosophila melanogaster*
Schlupfwespe [Fam. *Ichneumonidae*]
Sandwespe *Ammophila campestris*
Honigbiene *Apis mellifera*
Amazonen-Ameise *Formica sanguinea*
Gelbrand *Dytiscus marginalis*
Glühwürmchen [Fam. *Lampyridae*]
Samtfalter *Eumenis semele*
Seidenspinner *Antheraea penyi*
Tagpfauenauge *Vanessa io*

Stamm: Wirbeltiere

Klasse: Fische

Pazifischer Lachs *Oncorhynchus nerka*
Seepferdchen
  Hippocampus brevirostris
Dreistachliger Stichling
  Gasterosteus aculeatus
Leng, Lengfisch *Molva molva*
Küssender Guarami
  Helostoma temmincki
Hecht *Esox lucius*
Guppy *Poecilia (Lebistes) reticulata*
Siamesicher Kampffisch
  Betta splendens
Maulbrütender Buntbarsch
  Haplochromis burtoni

Klasse: Amphibien

Wasserfrosch *Rana esculenta*
Erdkröte *Bufo bufo*
Geburtshelferkröte *Alytes obstetricans*

Klasse: Kriechtiere

Hadrosaurier *Hadrosaurus*
Suppenschildkröte *Chelonia mydas*
Zwergchamäleon *Chamaeleo pumilus*
Schreckensklapperschlange
  Crotalus durissus

Klasse: Vögel

Kaiserpinguin *Aptenodytes forsteri*
Strauß *Struthio camelus*
Weißstorch *Ciconia ciconia*
Nachtreiher *Nycticorax nycticorax*
Haus-Taube *Columba livia*
Kuckuck *Cuculus canorus*
Schleiereule *Tyto alba*
Rotschnabel-Baumhopf
  Phoeniculus purpureus
Buntspecht *Dendrocopus major*
Wendehals *Jynx torquilla*

Ordnung: Gänsevögel
Graugans *Anser anser*
Brandgans (= Brandente)
  Tadorna tadorna
Stockente *Anas platyrhynchos*
Tafelente *Anas ferina*
Krickente *Anas crecca*
Ordnung: Greifvögel
Habicht *Accipiter gentilis*
Mäusebussard *Buteo buteo*
Kaiseradler *Aquila heliaca*
Wanderfalke *Falco peregrinus*
Ordnung: Hühnervögel
Rebhuhn *Perdix perdix*
Haushuhn *Gallus gallus*
Jagdfasan *Phasianus colchicus*
Glanzfasan *Lophophorus impejanus*
Spiegelpfau *Polyplectron bicalcaratum*
Pfau *Pavo cristatus*
Truthahn *Meleagris gallopavo*
Ordnung: Regenpfeifervögel
Austernfischer *Haematopus ostralegus*
Kiebitz *Vanellus vanellus*
Sandregenpfeifer *Charadrius dubius*
Säbelschnäbler *Recurvirostra avosetta*
Uferschnepfe *Limosa limosa*
Silbermöwe *Larus argentatus*
Lachmöwe *Larus ridibundus*
Dreizehenmöwe *Rissa tridactyla*
Trottellumme *Uria aalge*
Ordnung: Papageivögel
Rosenköpfchen *Agapornis roseicollis*
Fischers Unzertrennlicher
  Agapornis isheri
Gelbohr-Rabenkakadu
  Calyptorhynchus funereus
Spechtpapagei *Micropsitta bruijni*
Ordnung: Sperlingsvögel
Feldlerche *Alauda arvensis*
Rauchschwalbe *Hirundo rustica*
Krähe *Corvus ossifragus*
Kolkrabe *Corvus corax*
Pirol *Oriolus oriolus*
Halsbandschnäpper *Ficedula albicollis*
Zilpzalp *Phylloscopus collybita*

Fitis *Phylloscopus trochilus*
Rotkehlchen *Erithacus rubecula*
Gartenrotschwanz
  Phoenicurus phoenicurus
Singdrossel *Turdus philomelos*
Amsel *Turdus merula*
Wiesenpiper *Anthus pratensis*
Kohlmeise *Parus maior*
Blaumeise *Parus caeruleus*
Gartenbaumläufer
  Certhia brachydactyla
Star *Sturnus vulgaris*
Dompfaff, Gimpel *Pyrrhula pyrrhula*
Kanarienvogel *Serinus canaria*
Buchfink *Fringilla coelebs*
Rohrammer *Emberiza schoeniclus*
Spechtfink *Cactospiza pallida*
Haussperling, Spatz *Passer domesticus*
Webervögel [Fam. *Ploceidae*]
Prachtfinken [Fam. *Estrildidae*]
Zebrafink *Taeniopygia guttata*

Klasse Säugetiere

Ordnung: Beuteltiere
Rotes Riesenkänguruh *Macropus rufus*
Ordnung: Insektenfresser
Igel *Erinaceus europaeus*
Waldspitzmaus *Sorex araneus*
Ordnung: Fledertiere
Fledermaus [UOrdn. *Microchiroptera*]
Ordnung: Primaten
Katta *Lemur catta*
Rhesusaffe *Macaca mulatta*
Mantelpavian *Papio hamadryas*
Steppenpavian *Papio cynocephalus*
Weißhand-Gibbon *Hylobates lar*
Gorilla *Gorilla gorilla*
Schimpanse *Pan troglodytes*
Vormensch *Australopithecus afarensis*
Ordnung: Nagetiere
Eichhörnchen *Sciurus vulgaris*
Murmeltier *Marmota marmota*
Biber *Castor fiber*
Goldhamster *Mesocricetus auratus*

Feldhamster *Cricetus cricetus*
Maus *Mus musculus*
Wanderratte *Rattus norvegicus*
Ordnung: Hasenartige
Kaninchen *Oryctolagus cuniculus*
Feldhase *Lepus europaeus*
Ordnung: Raubtiere
Mauswiesel *Mustela nivalis*
Haushund *Canis lupus familiaris*
Wolf *Canis lupus*
Kojote *Canis latrans*
Afrikanischer Wildhund *Lycaon pictus*
Rotfuchs *Vulpes vulpes*
Zibetkatze *Civettictis civetta*
Erdmännchen *Suricata suricatta*
Tiger *Panthera tigris*
Löwe *Panthera leo*
Hauskatze *Felis silvestris*
Ordnung: Wale
Buckelwal *Megaptera novae-angliae*
Delphin *Delphinus delphis*
Ordnung: Rüsseltiere
Afrikanischer Elefant
Loxodonta africana
Ordnung: Unpaarhufer
Spitzmaul-Nashorn *Diceros bicornis*
Hauspferd *Equus caballus*
Steppenzebra *Equus quagga*
Ordnung: Paarhufer
Flußpferd *Hippopotamus amphibius*
Wildschwein *Sus scrofa*
Guanako *Lama guanicoe*
Muntjak *Muntiacus muntjak*
Kaffernbüffel *Bubalus caffer*
Hausrind *Bos primigenus f. taurus*
Rothirsch *Cervus elaphus*
Gerenuk *Litocranius walleri*
Oryx-Antilope, Spießbock
Oryx gazella
Nilgauantilope
Boselaphus tragocamelus
Rappenantilope *Hippotragus niger*
Grantgazelle *Gazella granti*
Thomson-Gazelle *Gazella thomsoni*

Glossar

Acetylcholin

ist ein Neurotransmitter. Er überträgt die Erregung in der Synapse von einer Nervenzelle auf eine andere Nervenzelle, eine Muskel- oder Drüsenzelle.

Allele

sind einander entsprechende Gene auf homologen Chromosomen.

Antennen

sind Fühler von Insekten, Krebsen und anderen Tieren. Sie tragen Tastsinnesorgane, manchmal auch Geruchssinnesorgane.

Art

(Spezies oder Species); die wichtigste Einheit im System der Tiere. Lebewesen, die miteinander fruchtbare Nachkommen haben können, gehören zur gleichen Art.

Bastard vgl. Hybrid

Bit

(Binary Digit); die kleinste Informationseinheit.

Brutparasit

überläßt die Aufzucht seiner Nachkommen Tieren einer anderen Art.

DNA

(Desoxyribonukleinsäure, DNS); Träger der genetischen Information. Bestandteil der Chromosomen.

Domestikation

Der Vorgang der Haustierwerdung durch künstliche Zuchtwahl. Haustiere unterscheiden sich in vielen Körper- und Verhaltensmerkmalen von ihren wildlebenden Stammformen.

Embryo

(Keim); der noch von Embryonalhüllen eingeschlossene Organismus. Beim Menschen bis zum 4. Schwangerschaftsmonat, danach Fötus.

Erbgang

Der Erbgang verfolgt ein Allel über mehrere Generationen hinweg.

Ethnologie

Vergleichende Völkerkunde.

Evolution

Die biologische Evolution ist die stammesgeschichtliche Entwicklung von einfachen Formen zu hochentwickelten. Nach moderner Definition (E.MAYR) bedeutet Evolution die Veränderung der Mannigfaltigkeit von Organismenpopulationen und Veränderung ihrer Anpassung.

Fitness

(Eignung); ein Maß für den Fortpflanzungserfolg, das sich auf Gene, Merkmale, Individuen oder Populationen bezieht.

Fossilien

sind Überreste oder Spuren von Lebewesen der geologischen Vergangenheit.

Ganglienzelle

Nervenzelle oder Neuron. Zellen des Nervensystems, deren Aufgabe die Erregungsleitung ist.

Gen

oder Erbanlage ist eine Einheit der Erbinformation. Ein Gen bestimmt die Ausbildung eines Merkmals. Die Molekulargenetik definiert das Gen als Abschnitt der DNA, der die Information für ein Eiweißmolekül trägt (ein Gen - ein Protein).

Genom

Das Erbgut. Die Gesamtheit aller Gene eines Lebewesens; „Artgedächtnis" oder „genetisches Gedächtnis".

Hormon

(Botenstoff); ein Wirkstoff, der in dem Organismus, in dem es seine Wirkung entfaltet, auch gebildet wird. Hormone werden überwiegend in Hormondrüsen hergestellt, durch das Blut transportiert und wirken auf ganz bestimmte Erfolgsorgane.

Hybrid

(Bastard); in der Genetik, Tier- und Pflanzenzüchtung: Ergebnis der Kreuzung von Eltern, die sich in einem oder mehreren Allelpaaren voneinander unterscheiden. Arthybride oder Artbastarde gehen aus der Kreuzung unterschiedlicher Arten hervor. Die Untersuchung von Bastarden ist eine Methode der Verhaltensgenetik.

Hypothalamus

Teil des Zwischenhirns der Wirbeltiere.

Hypophyse

oder Hirnanhangsdrüse. Wichtige Hormondrüse der Wirbeltiere, liegt an der Gehirnbasis. Die H. spielt eine zentrale Rolle im Hormonhaushalt.

Instinkt

Der meistumstrittene Begriff in der Verhaltensbiologie. Er wird heute nur noch in zusammengesetzten Wörtern (Instinkthandlung) benutzt.

Iris

oder Regenbogenhaut. Teil des Wirbeltierauges. Die Iris ist eine pigmentierte Haut, die das Auge vor zu starkem Lichteinfall abschirmt.

Sie läßt in ihrem Zentrum das Sehloch, die Pupille, frei. Muskeln der Iris verändern je nach Lichteinfall den Durchmesser der Pupille.

Kastration

Entfernung der Keimdrüsen. Nach Kastration entfallen viele sekundäre Geschlechtsmerkmale, darunter auch viele Verhaltensweisen.

Keimdrüsen

Gonaden oder Geschlechtsdrüsen: Eierstock (Ovar) und Hoden. In den K. werden Geschlechtszellen (Ei- oder Samenzellen) und Geschlechtshormone gebildet.

Klangspektrogramm

(Sonagramm); graphische Darstellung von Lauten und Geräuschen. In einem Koordinatensystem werden Laute bildlich dargestellt. Auf der x-Achse wird die Zeit, auf der y-Achse die Frequenz (Tonhöhe) aufgetragen. Vgl. Abb. 71, 93, 158 und 167.

Kognition

Die mit dem Beurteilen, Einschätzen und Bewerten einer Situation zusammenhängenden Prozesse, die im Zentralnerven-System ablaufen.

Mittelhirn

Teil des Wirbeltiergehirns (vgl. Abb. 19 auf S. 20), zwischen Zwischenhirn und Nachhirn gelegen.

Mutante

Ein genetisch verändertes Lebewesen, Ergebnis einer Mutation. Das Erbgut einer Mutante unterscheidet sich in mindestens einem Gen von der Ausgangspopulation.

Mutation

Plötzliche Veränderung des Erbguts. Mutationen sind eine Quelle der Variation und damit eine Voraussetzung für die Evolution.

Netzhaut

oder Retina, Teil des Auges in dem die Lichtsinneszellen lokalisiert sind.

Neuron

(Nervenzelle, Ganglienzelle); Baustein des Nervensystems. Das Neuron dient der Erzeugung, Verarbeitung und/oder Fortleitung von Erregung.

Östrogen

Das Follikelhormon, ein weibliches Geschlechtshormon.

Oszilloskop

(Oszillograph, Kathodenstrahloszilloskop); Gerät zur Messung elektrischer Spannung, das auch schnellen Spannungsänderungen zu folgen vermag.

Ovar

(Eierstock oder Ovarium); weibliche Keimdrüse. Das Ovar stellt weibliche Geschlechtshormone (Östrogene, Gestagene) her. Im Ovar reifen die Eizellen.

Parasit

(Schmarotzer); Tiere oder Pflanzen, die auf oder in einem Wirt leben, der ihnen Nahrung und/oder Lebensraum bietet; vgl. Brutparasit.

Photorezeptor

Ein Stoff oder eine Struktur, die Lichtquanten absorbiert und in andere Energieformen umwandelt. Sinneszelle, die auf Lichtreize anspricht.

Phylogenese

Stammesgeschichtliche Entwicklung. Evolution im Verlaufe vieler Generationen.

Plazenta

(Mutterkuchen); Organ, das aus der Zottenhaut des Embryos und der Gebärmutterschleimhaut seiner Mutter gebildet wird. Es dient der Versorgung der Embryos mit Nahrung, Vitaminen und Sauerstoff sowie der Entsorgung von Stoffwechselprodukten.

Plazentatiere

(Placentalia); zu den Plazentatieren gehören Säugetiere, deren Embryonen in der Gebärmutter über eine *Plazenta* ernährt werden. Mit Ausnahme des Känguruhs zählen alle in diesem Buch erwähnten Säugetiere zu den Plazentatieren.

Polarisiertes Licht

Elektromagnetische Wellen, die in einer festen Ebene schwingen.

Population

Alle Individuen einer Art, die in einem begrenzten Verbreitungsgebiet leben, bilden eine Population.

Primaten

oder Herrentiere. Ordnung der Säugetiere, zu der neben Halbaffen und Affen auch der Mensch gezählt wird.

Programm

Verhaltensprogramm: gespeicherte Information, eine Art Blaupause zur Steuerung von Verhaltensweisen. Verhaltensprogramme sind primär im Erbgut, sekundär im ZNS gepeichert.

Protein

(Eiweiß); Kettenmolekül aus Aminosäuren, die durch Peptidbindungen miteinander ver-

knüpft sind. Proteine sind die wichtigsten Bau- und Wirkstoffe des Körpers.

Reiz

(Stimulus); Zustand oder Zustandsänderung, die im Organismus die Erregung einer Sinneszelle verursacht oder eine Reaktion bewirkt. Außenreize sind Veränderungen in der Umwelt, Innenreize Veränderungen im Organismus.

RNA

(Ribonukleinsäure, RNS); ein Polynukleotid wie die *DNA*. Sie überträgt als Boten - (oder Messenger-)RNA die Erbinformation vom Kern ins Plasma der Zelle; sie ist als ribosomale-RNA Baustoff der Ribosomen und als Transfer-RNA an der Biosynthese der Proteine beteiligt. RNA ist die Erbsubstanz vieler Viren.

Sehwinkel

(Gesichtswinkel); der Winkel, unter dem die lineare Ausdehnung eines Objekts dem Auge erscheint.

Selektion

Auslese oder Zuchtwahl. Die Selektion spielt in verschiedenen Gebieten der Biologie eine zentrale Rolle, so bei der Evolution.

Sonagramm vgl. Klangspektrogramm

Synapse

Eine Struktur im Nervensystem, durch die eine Nervenzelle mit einer anderen Nevenzelle oder einem Erfolgsorgan in Verbindung steht. Sie dient der Erregungsübertragung von einer Zelle auf die andere.

Testosteron

Das männliche Geschlechtshormon; es wird in den Zwischenzellen des Hodens gebildet und verursacht die sekundären männlichen Geschlechtsmerkmale.

Zentralnervensystem

(ZNS); ein durch Anhäufung von Nervenzellen entstandener, übergeordneter Teil des Nervensystems. Bei Wirbeltieren besteht es aus Gehirn und Rückenmark.

Zugvogel

wandert jedes Jahr zwischen einem Brut- und einem Überwinterungsgebiet.

Zwischenhirn

Teil des Wirbeltiergehirns.

Register

Klett LernTraining

das große Lernprogramm von der Grundschule bis zum ABI

Die Reihen, die allen Bedürfnissen gerecht werden, im Überblick

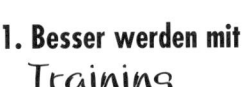

1. Besser werden mit Training

2. Spielend Schulstoff üben mit AbenteuerTraining

3. Mit Abi-Training fit fürs Abi

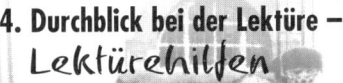

4. Durchblick bei der Lektüre – Lektürehilfen

5. Abiturwissen – das geballte Wissen fürs Abi

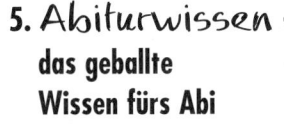

6. PC-Training – Die Fitness-Programme

7. PC-Kurswissen – Pures Abi–Wissen aus dem Computer

Mehr Infos erhalten Sie durch unser Lernhits Gesamtverzeichnis
erhältlich in Ihrer Buchhandlung oder direkt bei uns: Ernst Klett Verlag, Postfach 10 60 16, 70049 Stuttgart